手のひら図鑑 ❽

キム・デニス-ブライアン 監修／伊藤 伸子 訳

化学同人

Pocket Eyewitness DOGS

手のひら図鑑 ⑧

犬

2016年11月 1 日　第1刷発行
2024年 1 月28日　第3刷発行

監　修　キム・デニス - ブライアン
訳　者　伊藤伸子
発行人　曽根良介
発行所　株式会社化学同人

〒600-8074　京都市下京区仏光寺通柳馬場西入ル
TEL：075-352-3373　FAX：075-351-8301

装丁・本文 DTP　悠朋舎 / グローバル・メディア

Printed and bound in China

ISBN978-4-7598-1798-0

本書のご感想を
お寄せください

乱丁・落丁本は送料小社負担にて
お取りかえいたします．

www.dk.com

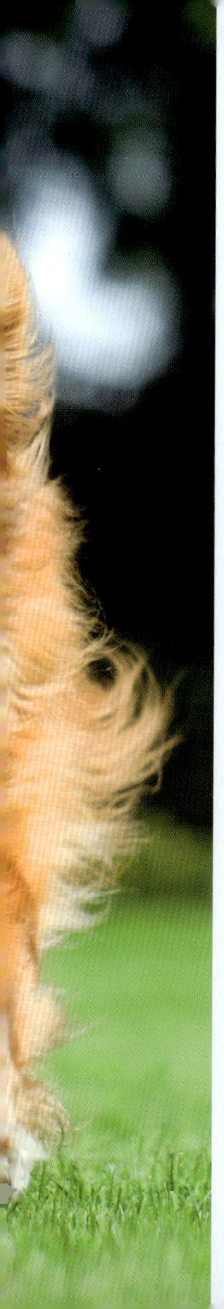

目　次

チワワ

犬　種

この本ではイギリス・ケネル・クラブ、アメリカ・ケネル・クラブ、国際畜犬連盟（FCI）などによって公認された犬種を紹介しています。

犬の大きさ

犬の大きさは身長180cmのおとなと並べて図で表しました。犬の身長（体高）は立ったときの、地面から首の後ろ（肩の一番高い部分）までの高さです。

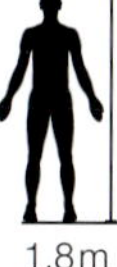

1.8m

犬

わたしたちのまわりにいる犬はタイリクオオカミ（ハイイロオオカミ）の子孫です。今から1万4000年ほど前、人間の暮らす集落のまわりをオオカミが食べ物をさがしてうろうろするようになりました。中には人なつっこいオオカミもいました。やがて人間はそのようなオオカミを飼いならし猟犬や番犬としていっしょに生活するようになりました。

骨格

犬の体は狩りをするためにできている。しなやかに動く骨格のおかげで速く走り、頭蓋骨の両横につく眼窩（目のくぼみ）のおかげで距離を正確に判断できる。

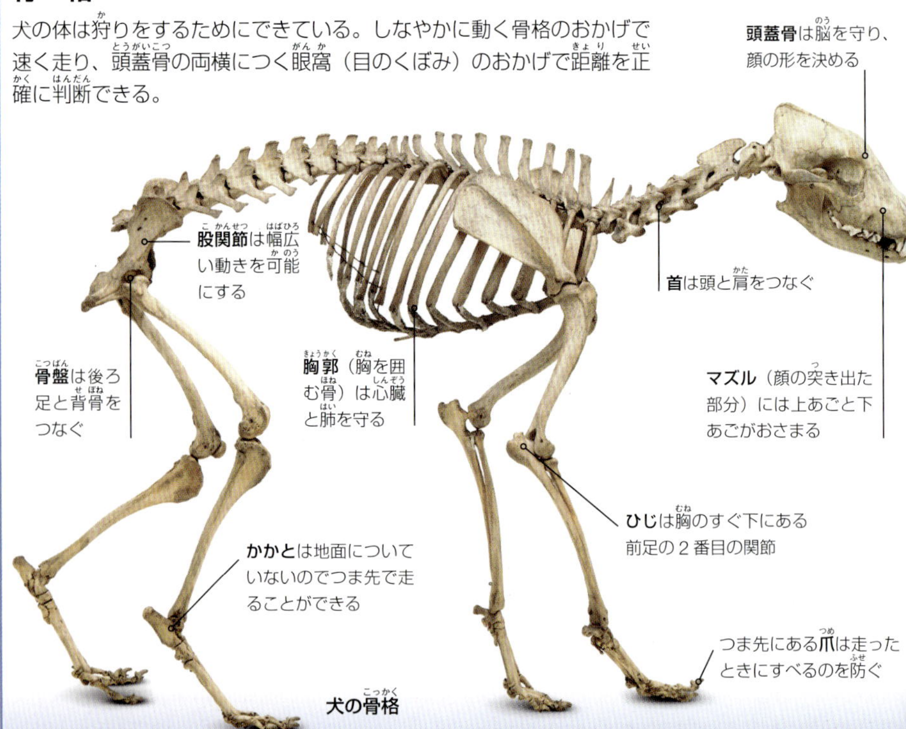

犬の骨格

筋肉

犬の筋肉は強いので、すばやく動いてえものをつかまえることができる。前足も後ろ足も筋肉は上半身につながっている。前腕（前足のひじから下）には腱（筋肉と骨をつなぐがんじょうな組織）がある。

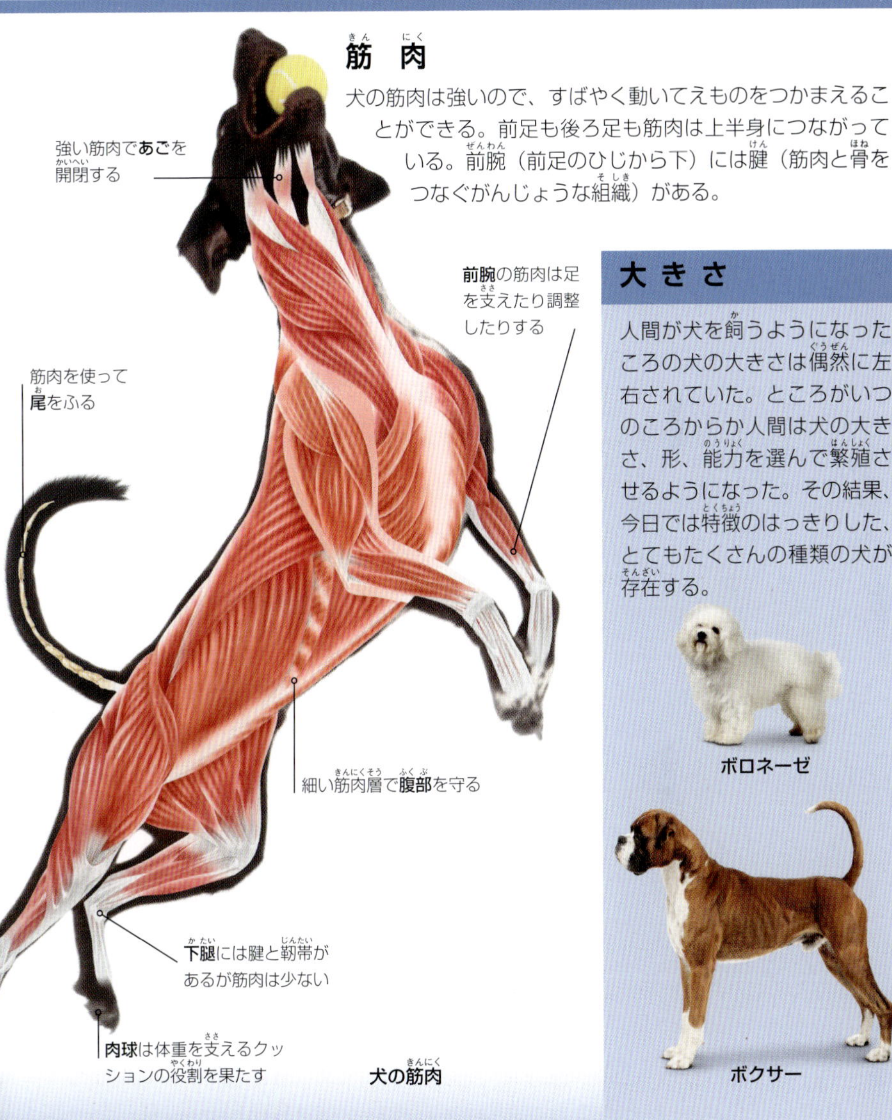

犬の筋肉

大きさ

人間が犬を飼うようになったころの犬の大きさは偶然に左右されていた。ところがいつのころからか人間は犬の大きさ、形、能力を選んで繁殖させるようになった。その結果、今日では特徴のはっきりした、とてもたくさんの種類の犬が存在する。

ボロネーゼ

ボクサー

イヌ科

犬は生物学の分類ではイヌ科に含まれます。野生のイヌ科動物は鼻を使って狩りをしたり食べ物をさがしたりします。イヌ科には犬と近い関係にある動物が全部で **35** 種います。代表的な **6** 種を下にまとめました。

イヌ科

タイリクオオカミ

犬はタイリクオオカミの子孫。

オオカミは群れで生活し狩りをする。タイリクオオカミはもっとも広く分布している。おもにカナダ、アラスカ、アジア、一部ヨーロッパに生息する。

キンイロジャッカル

ジャッカルは乾燥した地域の開けた土地で生活する。キンイロジャッカルは一番広く分布し、アジアとアフリカに生息する。

リカオン

リカオンの体は赤色、黒色、茶色、白色、黄色の毛でまだらにおおわれる。オオカミと同じく群れで狩りをする。絶滅の危機にある。

イヌ科はどこからきたのか？

今からおよそ4000万年前には一番古いイヌ科の動物がいたようだ。樹上で生活していた祖先よりも少しばかり足が長く、地上でえものを狩ってすごすことが多かった。鋭い歯と優れた聴力を備えていた。同じ特徴が現代のイヌ科の動物にも見られる。

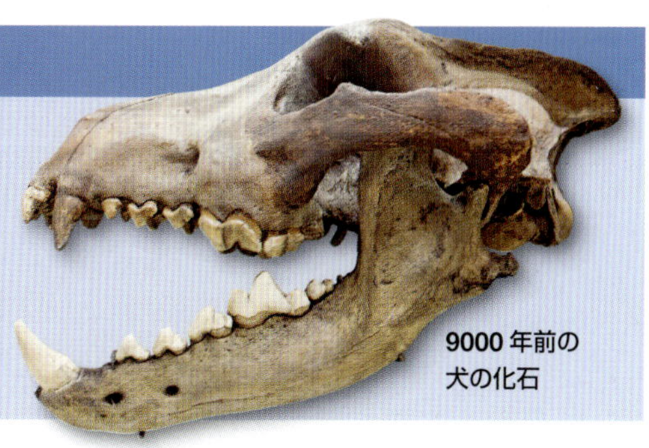

9000年前の犬の化石

タテガミオオカミ

南アメリカに固有の種。足がとても長いので、丈の高い草の生える草原で狩りができる。

アカギツネ

キツネはとがった耳、突き出た鼻、ふさふさした長い尾が特徴だ。**アカギツネ**は世界中に広く分布する。

タヌキ

タヌキはヨーロッパとアジアに生息する。木など高いところに上手に登る（イヌ科にはめずらしい）。泳ぎも得意。カエルや魚を食べる。

頭部と耳

タイリクオオカミを飼いならすようになったときから、人間は目的に沿うような個体を選んで繁殖させてきました。その結果、犬の外見にはタイリクオオカミとは大きくかけ離れた特徴がたくさん見られます。とくに頭部と耳の形は犬種によってちがいます。

頭　部

犬の頭部はマズルの長さによって短頭種、中頭種、長頭種に分けられる。マズルの長さはにおいをかぎ分ける能力に関係する。いっぱんにマズルが長いほど嗅覚が鋭い。

短頭種
（ブルドッグ）

中頭種
（ジャーマン・ポインター）

長頭種
（サルーキ）

耳

犬の耳の形は大きく３種類（立ち耳、半立ち耳、たれ耳）に分けられる。耳の形は犬種によって異なる。

たれ耳（ビーグル）

立ち耳（アラスカン・マラミュート）

立ち耳：キャンドルフレーム耳（イングリッシュ・トイ・テリア）

半立ち耳：ローズ耳（グレイハウンド）

半立ち耳：ボタン耳（パグ）

たれ耳：ペンダント耳（ブラッドハウンド）

被毛と毛色 ひもうとけいろ

犬の被毛（体をおおう毛）には短い毛、長い毛、絹のような毛、細くてかたい毛などいろいろな種類があります。毛がほとんど生えていない犬もいます。めずらしいところでは全身縄のれんのような毛でおおわれた犬もいます（下の写真のコモンドールなど）。

被毛の種類

犬の被毛はもともとは生活に合わせて変化してきた。たとえば寒い地域で生活していた犬は体を温めるために下毛を厚くした。現在では、外見を重視して繁殖させた結果めずらしい毛をもつようになった犬種も多い。

縄状毛
（コモンドール）

色の種類

犬の被毛にはさまざまな色や模様がある。模様にはそれぞれ名前もある。たとえばグレート・デンに見られるホワイトの地色にブラックのまだら模様はハールクイン（斑点模様の衣装を着た道化師）。

ホワイト、クリーム、グレイ

ゴールド、フォーン（淡黄褐色）

ごわごわした粗い毛
（ジャイアント・シュナウツァー）
上毛と下毛の二重構造（チャウ・チャウ）
短毛（ダルメシアン）
長い直毛
（マルチーズ）
巻き毛
（ラブラドゥードル）
無毛
（メキシカン・ヘアレス）

レバー（茶褐色）またはレッド
ブルー
ダークブラウン（濃い茶色）またはチョコレート
ブラック
ゴールド（またはタンかレバー）・ホワイト
ブラック・ホワイト
ブラック・タン（黄褐色）・ホワイト
レバー・タン
ブルー・タン
ブラック・タン
ブリンドル（虎毛）
さまざまな色

感　覚

犬にはわたしたち人間と同じ感覚（聴覚、嗅覚、視覚、味覚、触覚）があります。ところが感覚の使い分けは犬と人間ではちがいます。人間が一番よく使う感覚は犬にとってはさほど重要ではありません。

視　覚

犬は赤色と緑色のちがいがわからない。犬が見ている世界は黄色、青色、灰色。日中は人間ほどは見えていないが、薄暗い中では犬の方が目がいい。夜明けや夕暮れに狩りをするにはその方が都合がよいから。

嗅覚と味覚

味蕾（舌の上にある味を感じる部分）の数は人間よりも犬の方が少ない。犬にとっては味覚よりも嗅覚の方が重要だ。においをかいでえもののあとをつけたり、道をさがしたり、ほかの生き物を見つけたりする。犬は人間よりも多くのにおいをかぎ分けられる。

聴　覚

犬は左右の耳を別々に動かす。いろいろな方向からの音を聞きとるためだ。犬は人間が聞くことのできる距離の4倍離れた場所からの音も聞き分けられる。

チワワ

触　覚

人間の赤ちゃんと同じように犬の子も母親に寄り添って寝るのが大好きだ。犬の子はほかの子犬と遊びながらなかまのつくり方や戦い方を身につけていく。よく見えないものを確かめるときはあごに生えるひげを使う。

行　動

犬の気持ちや行動は人間ととてもよく似ています。犬は本来は群れをつくりなかまと社会を築いて生活し、まわりにいるほかの動物や人間となかよくなる生き物です。また状況によっては興奮したり、神経が高ぶったり不安になったりすることもあります。そのような気持ちは行動に現れます。

しぐさ

おだやかなときは尾や耳から力を抜く。うれしいときは尾をふり、不安なときは尾を立てる。自信があるときは体をまっすぐにして頭をもたげ、おびえているときや恥ずかしいときは地面にはいつくばる。

おなかを見せるのは服従のしるし

気持ちの伝え方

けんかや遊びの中で興奮するとほとんどの犬はほえる。相手をおどしたり、逆に相手の関心をひくときにもほえる。

1匹になると遠ぼえをする。遠ぼえは祖先であるオオカミから受け継ぐ、なかまをさがすための習性だ。

悲しいとき、寂しいときはクンクン鳴く。怖いときや興奮しているときもクンクン鳴く。

なわばり本能

群れで暮らす犬も人間と生活する犬も自分のなわばりを守る。見知らぬものが目に入ったり、なじみのない音やにおいを感じると反応する。あやしい人が近づくと警告をする。

自分のまわりの空間を守るためにほえるジャーマン・シェパード・ドッグ

犬と人間

遠い昔、人間に飼いならされはじめたころのオオカミには見張りや猟の手伝いなどがまかされました。現代の犬はこのような仕事に加え、家畜の世話、道案内や追跡、目の見えない人や体の不自由な人の介助などもします。

キツネ狩りのお供をするフォックスハウンド

狩り

昔、人間が狩猟生活をしていたころに犬に猟を手伝ってもらっていた。現在ではスポーツハンティング（娯楽のための狩猟）を手伝ってもらっている。犬は捕食する動物なので狩猟に向く。走るのが速く知恵があり、鋭い嗅覚をもつ。

荷物運び

車やトラックが登場する前は犬も荷車を引いていた。とくに乗り物がうまく通れないような山岳地帯で犬は役に立った。現在でも寒い地方では移動手段として犬ぞりが使われる。

荷車を引く
バーニーズ・マウンテン・ドッグ

アジリティー競技をするボーダー・コリー

スポーツ

犬はキツネ狩り（スポーツハンティング）で猟犬として活躍する以外にも、アジリティー競技（障害物競走）などのスポーツに競技犬として参加する。アジリティー競技では、コースに置かれた柵を飛び越えたり、ポールの間を通り抜けたり、トンネルを走ったりして障害物の先のゴールを競う。

古くからの友

北欧青銅器時代の壁画

左の写真はスウェーデンで発掘された古代の壁画。犬といっしょに作業をする人間の物語が描かれている。同じような壁画は世界中で発見されている。

犬　　種

犬の種類は大きくグループ（たとえばテリア）に分けた後、それぞれの犬種（たとえばボストン・テリア）に分類します。ただし分類のしかたはケネル・クラブなどの団体によってちがうためいくつかあり、生物学の分類とは関係ありません。

分　類

正式に認められた犬種には色、体重、大きさなどを含む基準が決められている。世界中で人気の犬種がいる一方で、原産国でしか知られていない犬種もいる。

あの犬は？

どの犬も生物学の学名はイエイヌ（*Canis familiaris*）。人間は目的に合うように犬を交配させいろいろな犬種（生物学的には同じ種の変種）をつくってきた。パグ（左写真）もそうやってできた犬種だ。

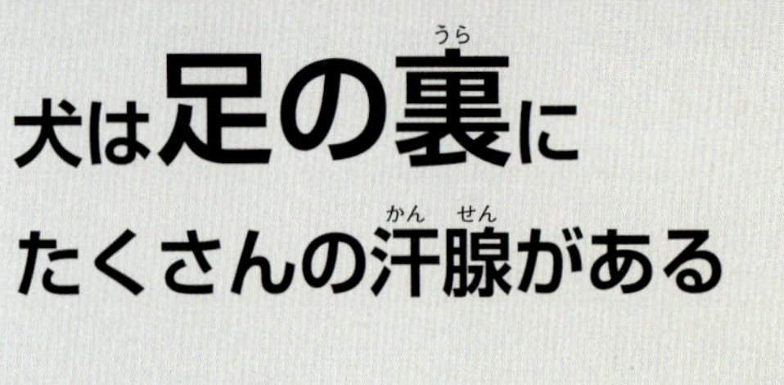

犬は足の裏に たくさんの汗腺がある

体温を下げる　犬は忙しく動き回っては体温を上げる。体が熱くなると足の裏や鼻の頭にある汗腺から汗を出して体温を下げる。鼻をなめて湿らせたり、呼吸を浅く速くしたりするのも体温を下げるため。

使役犬

使役犬には大きくて力のある犬種が多いです。家畜の世話や護衛をするために昔から飼われてきた犬や、今日では家を守ったり、災害現場で人を助けたりする犬もいます。人間の心や体の治療に役立つためにとくに訓練された犬をセラピー犬といいます。セラピー犬に本を読み聞かせる活動を始めた学校もあります。声を出して本を読むのがあまり得意でない子が自信をもてるよう犬が手助けをする取組みです。

生涯の友　ヘレン・ケラー（アメリカの著述家、福祉活動家。目と耳が不自由だった）は犬をとてもかわいがった。

使役犬ってどんな犬？

使役犬には、ヒツジの世話や家の番、犯罪者の追跡などができる強い犬種が多いです。体格はさまざまです。たとえば警備犬は大型で力があり、牧羊犬は走るのが速く、体重は軽いです。

ヒツジの飼育

昔から犬は家畜の世話をして牧畜を手伝ってきた。牛追い犬は家畜のかかとをかんで移動させる。コリー（左写真）など牧羊犬は群れのまわりを走って移動させる。羊飼いの命令にも応える。

病人の世話

セラピー犬としてはたらく使役犬もいる。セラピー犬は病気の人や体の不自由な人の不安をなくしたり、心をいやしたりする。セラピー犬は訓練されているので、患者の荷物を運んだり、危険を知らせたりすることもできる。

捜索と救助

山歩きで行方不明になった人や、地震やなだれで埋もれた人をさがすときは災害救助犬が活躍する。災害救助犬はきびしい環境の中でもにおいをたどることができる。体力と持久力があるので長い時間活動できる。

救助活動中のジャーマン・シェパード・ドッグ

護衛と攻撃

一般家庭では家を守るために番犬を飼う。警察では特別な訓練をした警察犬に犯人逮捕の手助けをしてもらう。戦場で地雷（地中に埋めた爆弾）をさがしたり、負傷兵を見つけたりする使役犬もいる。

使役犬

大昔から犬は人間との生活の中でだいじな仕事を任されてきました。現在も人間のために家畜の世話や家の番、人命の救助をはじめ数えきれないほどの仕事をこなしています。

ここに注目！
犬の仕事

訓練をした犬にはさまざまな種類の仕事を任せることができる。

ニューファウンドランド
Newfoundland

カナダ原産とされている大型犬。毛はかすかに油分を含み水をはじく。泳ぎが得意。かつては漁師を手伝い、海から網を引きあげていた。現在では海で遭難した人の救助を手伝う。

原産国 カナダ
体　高 66～71cm
色 ブラウン、ブラック

厚い被毛で冷たい水から体を守る

フィラ・ブラジレイロ
Fila Brasileiro

ブラジリアン・マスティフともよばれる。大型の使役犬。追跡する能力がとても高い。えものを見つけるとおそわずに追いつめて、人間から次の指示が出るまで待つ。このような能力に加え体も強いため、優秀な警察犬としてはたらく。

原産国 ブラジル
体　高 60～75cm
色 ブリンドル（虎毛）、すべての単色

▲探知犬は薬物や爆発物など違法な物を見つける。

▲容疑者を取り調べたり逮捕したりするために警察犬に追いかけ取り押さえてもらう。

◀災害救助犬は行方不明の人を見つけ出す。

ドゴ・アルヘンティーノ
Dogo Argentino

がっしりしている。マスティフ、ブルドッグ、コルドバ・ファイティング・ドッグ（絶滅した）など 10 種類の犬種のかけあわせ。狩猟犬としてつくられたが、おだやかな性質で忠誠心がある。

首まわりの筋肉は強い

胸は広くて厚い

原産国 アルゼンチン
体　高 60 ～ 68cm
色 ホワイト

ペンブローク・ウェルシュ・コーギ
Pembroke Welsh Corgi

牧畜犬の中では小さい部類に入る。胴長短足の体の低さをいかして、移動中のウシなど大きな家畜の下をくぐり抜ける。家畜の足をかんで群れを移動させる。

原産国　イギリス
体　高　25～30cm
色　ゴールド、フォーン（淡黄褐色）、レッド、ブラック・タン（黄褐色）

ボーダー・コリー
Border Collie

利口で学習意欲が高い。2011年、チェイサーという名のボーダー・コリーが話題になった。チェイサーは1,000語以上の英単語を理解し、その単語の意味する物をもってくることができた。

原産国　イギリス
体　高　50～53cm
色　さまざま

ビアデッド・コリー
Bearded Collie

かつては牧羊犬としてしか扱われていなかったが、現在では家庭犬としても人気がある。ただし広い開けた空間が必要なため、小さな家での生活には向かない。

原産国　イギリス
体　高　51～56cm
色　グレイ、フォーン（淡黄褐色）、レッド・ブラウン、ブルー、ブラック

オールド・イングリッシュ・シープドッグ　Old English Sheepdog

牧羊犬としてはたらいていることを示す(しめ)ために尾(お)を短く切られた時代もあった。尾が短いことからボブテイル（「短い尾」という意味）・シープドッグともよばれる。

原産国　イギリス
体　高　56～61cm
色　グレイ、ブルー

ホワイトマーキング

ラフ・コリー
Rough Collie

利口で友好的。たくさんの人を引きつける。映画『名犬ラッシー』の主人公ラッシー役に選ばれ、完璧(かんぺき)な演技(えんぎ)をしたのもラフ・コリー。家庭犬やショードッグ（品評会(ひんぴょうかい)用の犬）としての評価(ひょうか)も高い。

原産国　イギリス
体　高　51～61cm
色　ゴールド、ブルー、ゴールド・ホワイト、ブラック・タン（黄褐色(おうかっしょく)）・ホワイト

シェットランド・シープドッグ
Shetland Sheepdog

長くて美しい被毛をもつ。ラフ・コリーにとてもよく似る。ラフ・コリーよりも小さいが、こちらも同じく利口な牧羊犬。

原産国 イギリス
体　高 35～38cm
色 ゴールド、ブルー、ブラック・ホワイト、ブラック・タン（黄褐色）、ブラック・タン・ホワイト

マスティフ
Mastiff

体は大きく強いが、かつて軍用犬や闘犬、ウシやクマとのバイティング（かみついて倒す闘技）用の犬として使われていたことを考えると意外なほど性格はおだやかで温厚。

原産国 イギリス
体　高 70～77cm
色 フォーン（淡黄褐色）、ブリンドル（虎毛）

ブルドッグ
Bulldog

不屈と忍耐を象徴する、イギリスの国犬。ずんぐりした体、引っこんだ鼻先、たれた大きなくちびるといった独特の外見をしている。

原産国 イギリス
体　高 38～40cm
色 さまざま

ブリアール
Briard

かつてフランスではおもに家畜（かちく）を世話し守るために飼（か）われた。体が大きく保護本能（ほごほんのう）があるため、現在（げんざい）では番犬として飼われる。

原産国 フランス
体　高 58～69cm
色 グレイ、フォーン（淡黄褐色（たんおうかっしょく））、ブラック

別名ベルジェ・ド・ブリー。ブリアールも別名もフランスのブリー地方にちなんでつけられた。

ピレニアン・マウンテン・ドッグ
Pyrenean Mountain Dog

家畜の群れをクマやオオカミから守る。

ピレニアン・ウルフドッグまたはピレニアン・ベアハウンドともよばれる。フランス、ピレネー地方で家畜を守っていた。強い保護本能をもつ。強いうえに忍耐力があるのでそり犬や戦時には警備犬として使われる。

原産国 フランス
体　高 65～70cm
色 ホワイト、タン（黄褐色）マーキングが入ったホワイト

テルヴューレン
Tervueren

別名ベルジアン・シープドッグ。人気のある使役犬。保護本能があるので警察の仕事に向く。頭の回転が速く、行動力があり、困難な作業をうまくこなす。

原産国 ベルギー
体　高 56～66cm
色 グレイで毛先がブラック、フォーン（淡黄褐色）で毛先がブラック

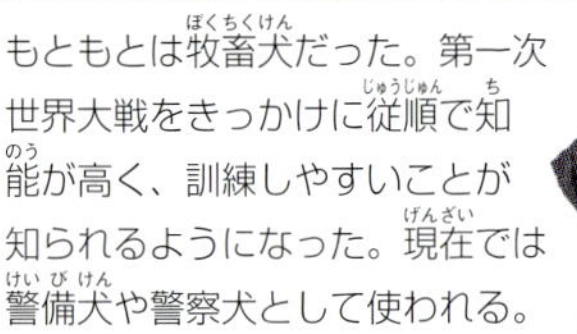

ジャイアント・シュナウツァー
Giant Schnauzer

もともとは牧畜犬だった。第一次世界大戦をきっかけに従順で知能が高く、訓練しやすいことが知られるようになった。現在では警備犬や警察犬として使われる。

原産国 ドイツ
体　高 60～70cm
色 ブラック、ブリンドル（虎毛）

ドーグ・ド・ボルドー
Dogue de Bordeaux

マスティフに似る。幅広の頭、短いマズル、たれたあごが特徴。現在では攻撃的な気質はなくなったが、用心深く守ろうとする気持ちはあり、警備犬ではなく家庭犬として飼われる。

原産国　フランス
体　高　58～68cm
色　フォーン（淡黄褐色）

ジャーマン・シェパード・ドッグ
German Shepherd Dog

もともとは家畜の世話に使われた。勇敢な犬。現在では救助や警察の仕事に使われる。ドラマや映画にもよく登場する。『名犬リン・チン・チン』は有名。

原産国　ドイツ
体　高　58～63cm
色　ゴールド、ブラック、タン（黄褐色）の入ったブラック

グレート・デン
Great Dane

ドイツでイノシシなど大きな動物を狩るために飼われていた。おだやかな性格とりっぱな体格でよく知られる。巨大ともいえるほど大きく育てられることもある。成熟（体が発達を終えて安定すること）には時間がかかる。

原産国　ドイツ
体　高　71～76cm
色　フォーン（淡黄褐色）、ブルー、ブラック、ブラック・ホワイト、ブリンドル（虎毛）

広いマズル

被毛はブラック・ホワイト（ハールクイン）

2013年、世界一背の高い犬に認定されたグレート・デンのゼウスは足から肩までの高さが1.15m。

ホーファヴァルト
Hovawart

体はじょうぶで、家の外での活動を好む理想的な牧畜犬。13世紀に農場で飼われていた犬種が祖先と考えられている。

原産国　ドイツ
体　高　58～70cm
色　フォーン（淡黄褐色）、ブラック、ブラック・タン（黄褐色）

ボクサー
Boxer

イギリスのブルドッグと数種類のマスティフ系犬種とのかけあわせ。背が高く力強い。人なつっこいが、危険がせまれば守るし相手を脅かす。闘犬、狩猟犬、牧羊犬として飼育されていたが、現在では家庭犬として安らぎをあたえる。

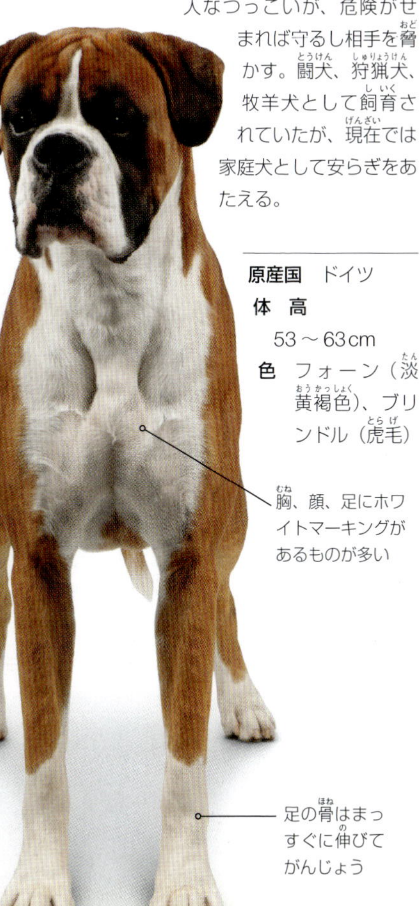

原産国　ドイツ
体　高　53～63cm
色　フォーン（淡黄褐色）、ブリンドル（虎毛）

ナポリタン・マスティフ
Neapolitan Mastiff

古代ローマの円形競技場や戦場で戦っていた軍用犬モロサスの子孫と考えられている。現在では警察や軍隊で使われている。

原産国　イタリア
体　高　60～75cm
色　さまざま

ロットワイラー
Rottweiler

もともとはドイツ南部で牛追い犬として飼われていた。強い防衛気質と高い忠誠心、勇敢な性格をもつ。凶暴といわれることがあるが、それはまちがい。正しくしつけられるとおだやかで愛らしい家庭犬となる。

原産国　ドイツ
体　高　58～69cm
色　ブラック・タン（黄褐色）

災害救助犬が1匹いれば

救助隊員30人分の

人命救助活動ができる

命の恩人

地震などの自然災害で動けない人、密林や、氷や雪でおおわれた山道で迷った人などさまざまな環境にいる人を助けるために災害救助犬は特別に訓練されている。

ベルガマスコ
Bergamasco

イタリア北部の山岳地帯が原産で、牧羊犬として飼われていた。がんじょうで力強い体格をしている。生まれてしばらくはたれ下がった長い毛がふさふさと生え、成長とともにからまっていき、独特の被毛が体をおおうようになる。しっかりからまった被毛のおかげで高地でも寒さにたえられる。

原産国　イタリア
体　高　54～62cm
色　グレイ、フォーン（淡黄褐色）、ブラック

ダッチ・シープドッグ
Dutch Schapendoes

真っ先にあげられる特徴は強さ、足の速さ、機敏さ。さらに持久力と行動力も備えている。生まれながらの牧羊犬。

原産国　オランダ
体　高　40～50cm
色　すべて

チェコスロヴァキアン・ウルフドッグ
Czechoslovakian Wolfdog

ジャーマン・シェパード・ドッグとタイリクオオカミの混血種。野生の祖先の特性もいくつか受け継ぐ。勇敢で独立心が高い。見知らぬ人には用心深いが、親しい人には忠実にしたがう。

原産国　チェコ共和国
体　高　60～65cm
色　グレイ

マヨルカ・マスティフ
Mallorca Mastiff

別名カ・デ・ブー。マスティフ系の体格で強い。かつては闘犬や牛かませ犬として使われていた。そのころと比べると現在は人なつっこい性質になっているが、それでも家庭犬よりは警備犬に向く。

原産国 スペイン
体 高 52～58cm
色 フォーン（淡黄褐色）、ブラック、ブリンドル（虎毛）

ポーチュギース・ウォッチドッグ
Portuguese Watchdog

別名ラフェイロ・ド・アレンテージョは原産地にちなんでつけられた。大型で強い。防衛気質をもつ。敷地や家畜を守るために飼われる。

原産国 ポルトガル
体 高 64～74cm
色 グレイ、フォーン（淡黄褐色）、ブラック、ブリンドル（虎毛）

大きさも強さもポルトガル原産の犬種の中ではずば抜けている。

プーミー
Pumi

18 世紀にハンガリアン・プーリーといろいろなテリア種とのかけあわせから生まれた。プーリーの鮮やかな狩猟技術と、テリア種のもちあじである持久力を受け継ぎ、牧畜犬や害獣ハンターとしてはたらく。

原産国 ハンガリー
体　高 38 ～ 47 cm
色 クリーム、グレイ、ゴールド、ブラック

コモンドール
Komondor

モップそっくりの白い縄状毛ですぐに見分けがつく。おかしな外見だが、意志は強く、かしこさと強さも備える。防衛能力が高い。生まれながらに羊飼いとしての性質をもつ。

原産国 ハンガリー
体　高 60 ～ 80 cm
色 ホワイト

ハンガリアン・プーリー
Hungarian Puli

アジアの遊牧民といっしょに中央ヨーロッパにやってきたとされる。活動的。かつては牧羊犬として飼われていたが、現在では人なつっこい家庭犬。

原産国 ハンガリー
体　高 36 ～ 44 cm
色 ホワイト、グレイ、フォーン(淡黄褐色)、ブラック

アナトリアン・シェパード・ドッグ
Anatolian Shepherd Dog

かつてトルコで大型の捕食者から家畜を守るために羊飼いに飼われた力強い犬種。大きさも色も家畜に似るようにつくられたおかげで群れにうまくまぎれるので、捕食者から見つかりにくい。

原産国　トルコ
体　高　71～81 cm
色　すべて

バーニーズ・マウンテン・ドッグ
Bernese Mountain Dog

スイスのベルン（英語名バーニーズ）州で昔から牛乳やチーズを運ぶために飼われていた。名前もこの地名にちなむ。人なつっこい性格のため、現在ではおもに家庭犬として飼われる。

原産国　スイス
体　高　58～70cm
色　ホワイトマーキングの入ったブラック・タン（黄褐色）

セント・バーナード
St Bernard

アルプスの雪山で遭難した人を助けることで有名な犬種。アルペン･マスティフとよばれていたが、この犬種が最初に生まれた修道院にちなみ修道士によって1880年にセント・バーナードの名がつけられた。

原産国　スイス
体　高　70～75cm
色　オレンジ・ホワイト、ブリンドル（虎毛）

スウィーディッシュ・ヴァルフンド
Swedish Vallhund

今から1000年以上前、バイキングの時代に牛追い犬として飼われていた犬種を祖先とする。現在のスウェーデンでも牧場の仕事を任されている。体はじょうぶで、戸外での生活に向く。たくさんの運動を必要とする。

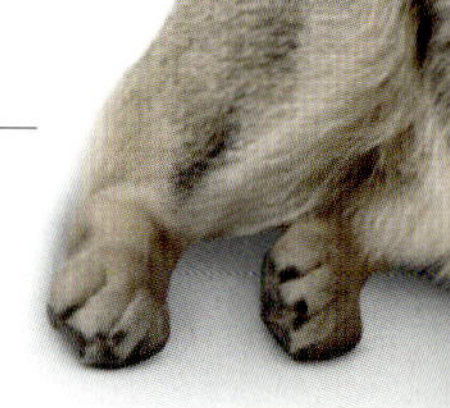

原産国　スウェーデン
体　高　31～35cm
色　グレイ、レッド

サルプラニナッツ
Sarplaninac

名前は原産国マケドニアのサルプラニナ山地に由来する。以前はイリリアン・シェパード・ドッグとよばれた。保護本能の強い牧畜犬。どっしりした体格でとてもよく動き回る。戸外での生活や作業を一番心地よく感じる。

原産国　マケドニア
体　高　58cm以上
色　すべての単色

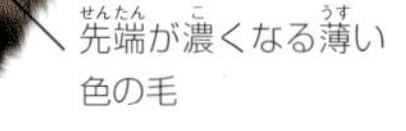

タトラ・シェパード・ドッグ
Tatra Shepherd Dog

ポーランドのタトラ山脈でヒツジの番をさせるために飼われていた大型の犬種。なわばり意識が強く、防衛心がある。危険を感じると勇敢に立ち向かう。一方、おだやかで温厚な家庭犬としての一面もある。

原産国　ポーランド
体　高　60～70cm
色　ホワイト

オオカミの役　「目を合わせ」てヒツジの群れを動かす牧羊犬がいる。少し離れたところから、頭を低くして、今にも飛びかかりそうな姿勢でヒツジとじっと目を合わせる。するとヒツジの群れは敵がおそいにきたと思い後ずさりをはじめる。

群れをおどし、群れがばらけないよう

まとめるために

「目を合わせる」

牧羊犬は多い

シャー・ペイ
Shar Pei

「カバ」のような形の頭、しわのよった皮ふ、ざらっとした肌触りの被毛をもつのですぐに見分けがつく。被毛には次の3種類がある。ホース・タイプ（かたくて短い）、ブラッシュ・タイプ（しなやか）、ベア・タイプ（ふさふさで、ほかの二つのタイプよりも長い）。

原産国　中国
体　高　46～51cm
色　さまざま

コーカシアン・シェパード・ドッグ
Caucasian Shepherd Dog

コーカシアン・オフチャルカともよばれる。昔は家畜の群れを守っていた。防衛心がとても強く、現在でも優秀な番犬として飼われる。

原産国　ロシア
体　高　67～75cm
色　さまざま

土佐犬
Tosa

日本原産の闘犬と西洋の犬種（グレート・デン、ブルドッグ、マスティフなど）とをかけあわせてつくられた。日本の犬種の中で一番大きい。

原産国　日本
体　高　55～60cm
色　フォーン（淡黄褐色）、レッド、ブラック、ブリンドル（虎毛）

オーストレリアン・キャトル・ドッグ
Australian Cattle Dog

オーストレリアン・ヒーラーともよばれる。じょうぶで活動的な犬種。訓練しやすい。戸外を好み、休けいをとらずに何時間でもはたらくことができる。

原産国　オーストラリア
体　高　43～51cm
色　タン（黄褐色）マーキングの入ったブルー、赤色の斑点

90kgにもなる大型犬のため法律で輸入を禁止している国もある。

スピッツ

現代のスピッツの多くは北極圏や東アジア全域が原産です。体の大きなスピッツは遠くまでそりや荷車を引いたり、家畜の世話、狩猟、警護などをこなします。小型のスピッツは家庭犬としてのみ飼われています。

野生のよび声　シベリアン・ハスキーはオオカミのように遠ぼえをしたり、きゃんきゃんほえたり、クンクン鳴いたりする。

スピッツってどんな犬？

北極圏にすむ数種の犬種をスピッツ（ドイツ語で「先のとがった」という意味）といいます。雪原でそりを引くハスキーもスピッツに分類されます。狩猟やレースに活躍するスピッツもいます。

厚い二重被毛。びっしり生えたやわらかい下毛で体を暖かくし、かたくて長い上毛で皮ふを守る

はたらくスピッツ

スピッツは少しオオカミに似ている。体が大きくて強い。とても寒い中でも生き抜くことができる。シベリアン・ハスキー（下写真）と似た体の特徴をもつ犬種が多い。

犬ぞり

そり引き、犬ぞりレース、スキージョリング（犬にスキー板を引いてもらうレース）など、輸送やスポーツ競技のために犬に人や物を運ばせることをマッシングという。アラスカン・マラミュート、シベリアン・ハスキー、サモエドなどが使われる。

家族の一員のスピッツ

はたらくスピッツよりも小型で家庭犬（愛玩犬）として飼われるスピッツ（ポメラニアンなど）は優秀な番犬でもある。ただし退屈するとほえる。

ポメラニアン

スピッツ

スピッツには体の大きさにかかわらず寒い気候の中で生活する動物に共通の特徴があります。厚い二重被毛、先のとがった小さな耳、たくさんの毛でおおわれた足は体を寒さから守ってくれます。背中に向かって巻き上がった尾もスピッツの特徴です。

ここに注目！

有名な犬

世界でも有名なスピッツを紹介する。

▶日本原産、秋田犬のハチ公。毎晩、駅で飼い主をでむかえていたハチ公は、飼い主が亡くなったあとも9年間、息を引き取るまで駅で待ち続けた。

▲シベリアン・ハスキーのバルト。1923年アラスカでジフテリア（感染症）が流行し1,084km離れた場所から犬ぞりで薬が運ばれた。この行程の最後の区間でバルトはリーダーを務めた。

カナディアン・エスキモー・ドッグ
Canadian Eskimo Dog

イヌイット・ドッグ、エスキモー・ドッグともよばれる。北アメリカで一番古く、一番数の少ない犬種と考えられている。きびしい寒さにもたえることができる。

原産国　カナダ

体　高　50～70cm

色　すべて

グリーンランド・ドッグ
Greenland Dog

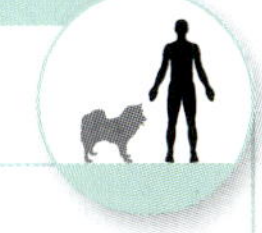

北極圏でシロクマやアザラシなど大型の動物を狩るために飼われていた。そりを引くこともあった。極地探検犬によく選ばれる。

原産国　グリーンランド
体　高　51～68cm
色　すべて

アラスカン・マラミュート
Alaskan Malamute

アメリカ先住民のマラミュート族が重い荷物を引き、長い距離を移動するために飼っていた。強い体と鋭い方向感覚をもつことから今日でも人気のそり犬。

原産国　アメリカ合衆国
体　高　58～71cm
色　さまざま

アメリカン・エスキモー・ドッグ
American Eskimo Dog

ドイツからの移民がアメリカ合衆国に連れてきた白いスピッツが祖先。体の小さい順にトイ、ミニチュア、スタンダードに分けられる。

原産国　アメリカ合衆国
体　高　23～48cm
色　ホワイト

アイスランド・ドッグ
Icelandic Sheepdog

筋肉の発達した、じょうぶな牧畜犬。家畜のまわりを回って上手に追いこむ。長毛種と短毛種がいる。

原産国　アイスランド
体　高　42～46cm
色　グレイ、ブラック、ダークブラウンまたはチョコレート、ホワイトマーキングの入ったタン（黄褐色）

パピヨン
Papillon

耳がチョウの羽のように見えることからバタフライ・ドッグともよばれるかわいらしい犬種。王族に好まれ、18世紀ヨーロッパの宮廷画にはパピヨンに似た犬がよく描かれている。

原産国　フランス／ベルギー
体　高　20～28cm
色　ホワイト、ブラック・ホワイト、ブラック・タン（黄褐色）・ホワイト

ジャーマン・スピッツ
German Spitz

体の小さい順にクライン（小型）、ミッテル（標準）、グロス（大型）に分けられる。ビクトリア時代のころのヨーロッパで人気があった。

原産国　ドイツ
体　高　23～50cm
色　さまざま

厚い被毛におおわれた小さな体

スキッパーキ
Schipperke

フランドル地方の運河を行き来する船で飼われ、船の番やネズミ捕りをしていた。ベルジアン・バージ・ドッグともよばれる。たくさんほえるが、よく遊ぶ活動的な犬種。

原産国 ベルギー
体　高 25～33cm
色 さまざま

スキッパーキという名前は「船」を意味するフラマン語「スキップ」に由来する。

ポメラニアン
Pomeranian

スピッツの中で一番小さい。改良されて「トイ」の大きさまで小型化した。被毛はやわらかくふさふさする。首、肩、胸のまわりに飾り毛が生える。

原産国 ドイツ
体　高 22～28cm
色 すべての単色(毛先にブラックやホワイトが入らない)

ヴォルピーノ・イタリアーノ
Italian Volpino

かつてイタリアの王族にはペットとしてかわいがられ、その一方で農家では番犬として飼(か)われた。現在(げんざい)でも警備犬(けいびけん)としてはたらく。危険(きけん)と判断(はんだん)すれば自分より大きな犬にもほえ続ける。

原産国　イタリア
体　高　25～30cm
色　ホワイト

フィニッシュ・ラップフンド
Finnish Lapphund

ラップランドのサーミ族がトナカイの家畜犬(かちくけん)として飼(か)っていた。20世紀になってスノーモービルが登場すると家畜犬の役目を終え、家庭犬としての人気が高まった。

原産国　フィンランド
体　高　44～49cm
色　すべて

フィニッシュ・スピッツ
Finnish Spitz

フィンランドの国犬。山鳥猟(やまどりりょう)の猟犬としてえもののいる方向を猟師(りょうし)に知らせた。今日でも北欧(ほくおう)では鳥(とり)狩(が)りに使われる。

原産国　フィンランド
体　高　39～50cm
色　レッド

スウィーディッシュ・エルクハウンド　Swedish Elkhound

スウェーデンの国犬。スウェーデン軍でよく使われる。名前はヘラジカ（エルクともいう）猟（りょう）に使われたことに由来する。

原産国　スウェーデン
体　高　52～65cm
色　グレイ

ノーウェイジアン・ルンデフンド　Norwegian Lundehund

ノーウェイジアン･パフィン･ドッグともよばれる。昔はパフィン（ツノメドリ）猟（りょう）に使われた。ほかの犬に比（くら）べると前肢（ぜんし）を大きく広げることができ、身のこなしも軽い。

原産国　ノルウェー
体　高　32～38cm
色　ホワイト、グレイ、ブラック、レッド

ブラック・ノーウェイジアン・エルクハウンド

Black Norwegian Elkhound

もとはえものを追跡するための狩猟犬だったが、何でもこなせるため現在ではそり犬、家畜犬、番犬、家庭犬として飼われる。

原産国　ノルウェー
体　高　43 ～ 49cm
色　ブラック

シベリアン・ハスキー

Siberian Husky

シベリアの北東部でそり犬として飼われていた。忍耐力がとても強く、きびしい寒さにもたえることができる。現在でも北極圏では理想的なレース用の犬として犬ぞりレースで活躍する。

原産国　シベリア
体　高　51 ～ 60cm
色　すべて

ケースホンド

Keeshond

18 世紀後半のオランダで好まれ、運河船や農場、船泊まりで番犬や害獣駆除犬として飼われた。現在では家庭犬としてかわいがられる。

原産国　オランダ
体　高　43 ～ 46cm
色　クリームマーキングの入ったブラック

ロシアン・ヨーロピアン・ライカ
Russian-European Laika

数種の犬種をかけあわせ、1940 年代に誕生した犬種だけが本種と認められる。がっしりした体格で、ロシア北部の森ではおもにクマ、オオカミ、シカの猟に使われる。

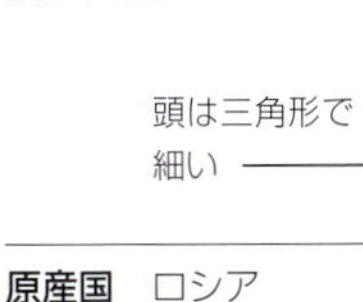

原産国　ロシア
体　高　48 ～ 58cm
色　ホワイト・クリーム、ホワイト・グレイ、ブラック

サモエド
Samoyed

シベリアのサモエド族に飼われトナカイの世話や護衛をしていた。のんびりした性格のため昔も今も家庭犬としても人気がある。

原産国　ロシア
体　高　46 ～ 56cm
色　ホワイト

チャウ・チャウ
Chow Chow

ずんぐりした体格、笑ったような顔つき、青黒い舌の色などめずらしい姿をしている。被毛のちがいでラフ（長毛）種とスムース（短毛）種の2種類がいる。

原産国　中国
体　高　46～56cm
色　クリーム、ゴールド、レッド、ブルー、ブラック

珍島犬　チンドけん
Korean Jindo

名前は原産地である韓国の珍島からつけられた。珍島以外にはあまりいない。シカやイノシシ、あるいは穴ウサギなど小動物の猟に使われた。

原産国　韓国
体　高　46～53cm
色　ホワイト、フォーン（淡黄褐色）、レッド、ブラック・タン（黄褐色）

アキタ
Akita

もともとは日本で闘犬としてつくられた秋田犬が、その後アメリカにもちこまれて現在のアメリカン・アキタになった。アメリカでは大型が好まれたためアメリカン・アキタは秋田犬よりも大きい。

原産国　日本
体　高　61～71cm
色　すべて

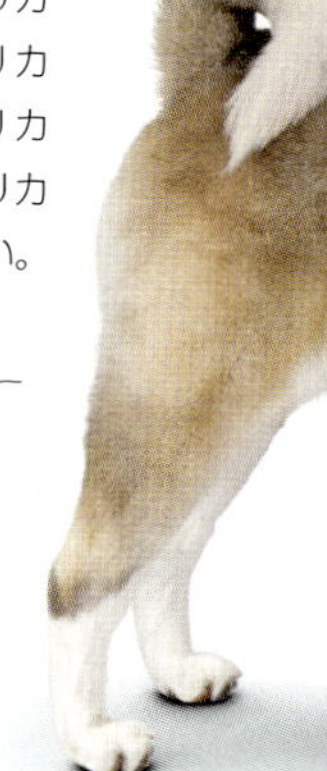

柴　犬　しばいぬ
Japanese Shiba Inu

日本で一番小さな狩猟犬(しゅりょうけん)。国の天然記念物に指定されている。元気な家庭犬として親しまれる一方で強い狩猟本能(しゅりょうほんのう)も残っている。

原産国　日本
体　高　37～40cm
色　ホワイト、レッド、ブラック・タン（黄褐色(おうかっしょく)）

「地球上で最後の偉大なレース」 毎年行われるアイディタロッド犬ぞりレースでは1チーム平均16頭が1日に12時間走り続ける。その間、休けいは1回だけ。そうして10日から14日かけて約1,770km先のゴールを目指す。

そり犬は 1 日で

10,000 カロリーを

消費する。平均的な人間の 5 倍の量だ

ハウンド

ハウンドは視覚ハウンドと嗅覚ハウンドの2種類に分けられます。視覚ハウンドは視力がよく、走るのが速いので、えものをすぐに見つけてさっとつかまえることができます。嗅覚ハウンドは嗅覚が鋭いうえに持久力があります。えものをさがし出してあとをつけるのが得意です。

貴族の楽しみ 18世紀、イギリス貴族はグレイハウンドに似た犬のパックを使ってシカ狩りや野ウサギ狩りを楽しんだ。

ハウンドってどんな犬？

ハウンドは狩猟犬です。細い体は強く、走るのが速いです。ハウンドは、鋭い嗅覚でえものを追う嗅覚ハウンドと、よい視力でえものをつかまえる視覚ハウンドの2種類に分けられます。

王室の愛犬

狩猟は昔から王侯の娯楽とされてきた。ハウンドは宮廷画や王族の写真によく登場する。下の写真はイギリス王エドワード7世の妻アレクサンドラ王妃と愛犬（視覚ハウンドのボルゾイ）。

視覚ハウンド

とても視力がよい。かすかな動きも察知してえものをつかまえる。えものをしとめたあと自分で息の根を止める犬種もいるし、押さえこんだまま狩猟者の到着を待つ犬種もいる。

嗅覚ハウンド

1頭で狩りをする犬種とパック（群れ）を組んで狩りをする犬種がいる。特定のえものを狩るようにつくられた種が多い。たとえばブラッドハウンドはシカやイノシシを追い、ビーグルは野ウサギを追いかける。

ブラッドハウンド

長くて細いが強い体。がっしりしているがしなやかな背中

厚い胸。強い肺と心臓がおさまる

グレイハウンド

視覚ハウンド

体形は軽やかですが、体はがんじょうにできています。たいていの視覚ハウンドは外形で見分けがつきます。走るのが速く馬についていくことができたので、王や貴族が馬に乗って狩りに出かけていた時代には、視覚ハウンドもお供をしました。今日ではグレイハウンド・レースなどの競技に参加します。多くは家庭犬として飼われています。

グレイハウンド
Greyhound

野ウサギを狩るために飼われていた。逃げ足の速いえものを追いかけるのにぴったりの体形をしている。最高時速 72km にもなる。活動的だが、とくにたくさんの運動をさせなくてもよい。

原産国　イギリス
体　高　69 ～ 76cm
色　すべて

ウィペット
Whippet

同じくらいの体重の飼育動物の中では一番速く走る。最高時速 56 km にもなる活動的な犬種。速度を落とさずにすばやく体をひねり向きを変えることができるので、野ウサギや穴ウサギの猟にもってこい。

原産国 イギリス
体　高 44～51 cm
色 すべて

アイリッシュ・ウルフハウンド
Irish Wolfhound

後ろ足で立つと 1.8 m にもなる。かつてアイルランドの王族はオオカミをしとめるために飼っていた。

原産国 アイルランド
体　高 71～86 cm
色 さまざま

ポデンゴ・ポルトゥゲス
Portuguese Podengo

体の小さい順にペケーノ（小型）、メディオ（中型）、グランデ（大型）の３種類に分けられる。とても上手に穴ウサギを狩るのでポルトゥゲス・ラビット・ドッグともよばれる。

原産国　ポルトガル
体　高　20～70cm
色　ホワイト、フォーン（淡黄褐色）、ブラック

イタリアン・グレイハウンド
Italian Greyhound

視覚ハウンドの中では小型種の部類だが、短い距離ならば最高時速60kmで走ることができる。小型のグレイハウンドに似た犬は14～17世紀の貴族の間で人気だった。

原産国　イタリア
体　高　32～38cm
色　さまざま

イビサン・ハウンド
Ibizan Hound

もとはパック（群れ）で穴ウサギを狩る狩猟犬として飼われた。とても静かににおいをたどるので、密猟者に好まれる。イビサン・ハウンドを使った密猟があまりにも多いため、飼育が禁じられた地域もあった。

原産国　スペイン
体　高　56～74cm
色　ホワイト、フォーン（淡黄褐色）、レッド

ファラオ・ハウンド
Pharaoh Hound

古代エジプトで描かれた猟犬に似る。加えてすらりとした体つきや高貴な姿をしていることから、現在の名前がつけられた。以前はマルチス・ラビット・ドッグとよばれていた。

原産国　マルタ
体　高　53 ~ 63cm
色　ダークタン（濃い黄褐色）

スルーギ
Sloughi

アフリカ原産で、ヨーロッパやアメリカで知られるようになったのは 19 世紀に入ってから。希少な犬種。たくましい体格だが、人なつっこく忠誠心が高い。

原産国　アフリカ北部
体　高　61 ~ 72cm
色　フォーン（淡黄褐色）

速さにかけて

グレイハウンドの右に出る犬はいない。

最高時速 72km で走る

ドッグレース　グレイハウンドはルアー・コーシングというドッグレースで活躍する。ウサギに見立てたルアー（機械じかけのえもの）を追いかけゴールを目指す。速さだけでなく、えものを追いつめしとめる狩猟技術も競う。

バセンジ
Basenji

おもに狩猟犬として飼われる。視覚と嗅覚の両方を使ってえものの居場所を突き止める。昔は首に鈴をつけ、狩猟者のしかけたわなまでえものを追いこませていた。

原産国　アフリカ中部
体　高　40～43cm
色　さまざま

鳴かない犬としても知られる。興奮するとヨーデルのような声を出す。

サルーキ
Saluki

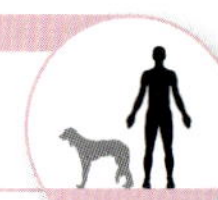

たくましい体格の犬種。ガゼル猟で、よくタカといっしょに使われた。最高時速55kmで走る。被毛にはスムース（直毛の短い毛）とフェザード（羽飾りのような長い毛）の2種類がある。

原産国　ペルシア
体　高　58～71cm
色　さまざま

ボルゾイ
Borzoi

絹のような毛並みの大型の犬種。ロシア貴族はオオカミ狩りに使った。ロシア以外では家庭犬として飼われてきた。屋内で飼うためには広い空間と適度な運動、定期的な毛づくろいが必要だ。

原産国 ロシア
体　高 68～74cm
色 さまざま

アフガン・ハウンド
Afghan Hound

昔は野ウサギやオオカミの猟に使われていた。現在は優雅な長い毛の犬種として知られ、ドッグショー（品評会）では人気が高い。

原産国 アフガニスタン
体　高 63～74cm
色 すべて

嗅覚ハウンド

名前のとおり、えもののにおいをかぎ分けて狩りをするハウンドです。嗅覚ハウンドの鼻にはにおいの受容体がびっしりあるため、たとえ時間の経ったにおいでもあとをたどることができます。湿り気のあるたれ下がったくちびる、ペンダント形の長い耳をもつ犬種が多いです。

ブルーティック・クーンハウンド
Bluetick Coonhound

たくましい体格の犬種。名前は、ダークブルーの被毛にティッキングがあることと、おもにアライグマ（英語でラクーンという）やオポッサムの猟に使われることに由来する。

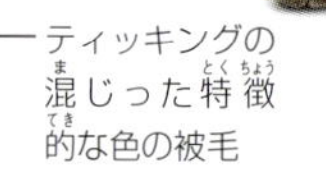

原産国	アメリカ合衆国
体　高	53～69cm
色	ブルー

プロット・ハウンド
Plott Hound

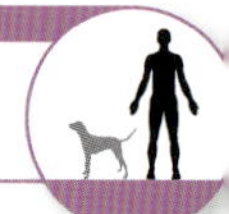

1750年代にドイツからアメリカに渡ってきたプロット家に飼われていた犬をもとにつくりだされた。アライグマの猟に使われるたくましい犬種。ピューマ、クマ、コヨーテ、イノシシの猟にも使われる。

原産国	アメリカ合衆国
体　高	51～64cm
色	ブリンドル（虎毛）

オッターハウンド
Otterhound

被毛はふさふさで長い。強くて活動的。走るのに向く。昔はカワウソ猟に使われたが、カワウソが保護種になるとオッターハウンドも一気に減った。

原産国　イギリス
体　高　61～69cm
色　すべて

数が少ない。イギリス・ケネル・クラブに毎年登録されるオッターハウンドの子犬の数は60頭以下。

ビーグル
Beagle

かつては猟に使われていた。じょうぶで元気いっぱいの犬種。現在は警察犬や警備犬として薬物や爆弾などの不審物をかぎ分ける仕事をする。

原産国 イギリス
体　高 33 ～ 40cm
色 さまざま

アリエージョワ
Ariégeois

フランスの岩が多く乾燥した地域で生まれた。名前もこの地名に由来する。パック（群れ）で狩りをするハウンドにはめずらしく、家庭犬としても飼われる。

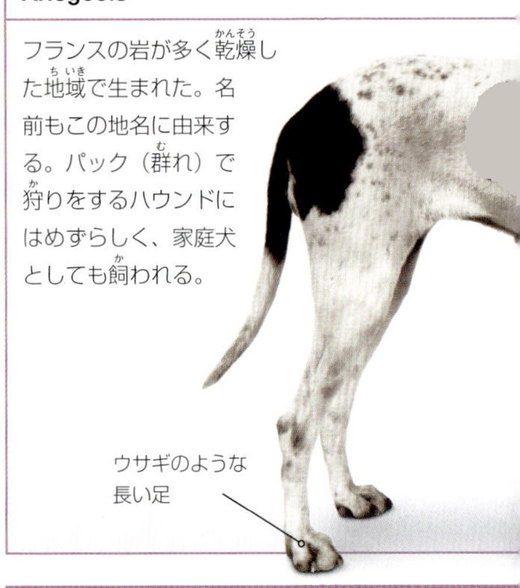

イングリッシュ・フォックスハウンド
English Foxhound

たくましくて力強いハウンド。猟に一度出ると数時間はキツネを追い続ける。家庭で飼う場合はたくさんの運動量が必要になる。年をとっても陽気で活動的。

原産国 イギリス
体　高 58 ～ 64cm
色 さまざま

原産国　フランス

体　高　50～58cm

色　ブラックの大きめのまだら模様と小さな斑点のあるホワイト

ポワトヴァン
Poitevin

昔はパック（群れ）でオオカミを狩る猟に使われていた。今日ではシカやイノシシの猟に使われる。とても持久力があり、水の中でもえものを追いかけることができる。

原産国　フランス

体　高　62～72cm

色　タン（黄褐色）・ホワイト、ブラック・タン・ホワイト

バセー・ブルー・ド・ガスコーニュ
Basset Bleu de Gascogne

足の短い嗅覚ハウンド。走るのは遅いが、意志が強い。昔はオオカミやシカ、イノシシの追跡に使われた。現在では家庭犬として飼われる方が多い。

原産国　フランス
体　高　30〜38cm
色　ブラック・タン（黄褐色）・ホワイト

バセー・フォーヴ・ド・ブルターニュ
Basset Fauve de Bretagne

嗅覚がとても鋭い。野ウサギや穴ウサギ、キツネを上手に追跡する。現在では災害救助犬としても使われる。

原産国　フランス
体　高　32〜38cm
色　ゴールド

ビリー
Billy

ビィイともよばれる。走るのが速く、もともとはシカ猟に使われた。変わった名前はフランスのビリー城でつくりだされたことにちなむ。フランス以外にはほとんどいない。

原産国　フランス
体　高　53～70cm
色　淡いタン（黄褐色）マーキングの入ったホワイト

ブリケ・グリフォン・ヴァンデーン
Briquet Griffon Vendéen

イノシシやノロジカ猟にパック（群れ）で使われた。じょうぶな犬種。名前は原産地フランス西部のヴァンデーン地方に由来する。

原産国　フランス
体　高　48～55cm
色　フォーン（淡黄褐色）、ブラック・タン（黄褐色）、ブラック・ホワイト、ブラック・タン・ホワイト、ゴールド・ホワイト

ホワイト・アンド・ブラック・フレンチハウンド
French White and Black Hound

ブラック・アンド・ホワイト・フレンチハウンドともよばれる。ノロジカ猟に使われた、強くてたくましい犬種。人なつっこい性質だが、一番よいのはなかまといっしょに群れの中で生活すること。

原産国　フランス
体　高　62～72cm
色　ブラック・ホワイト

プティ・バゼー・グリフォン・ヴァンデーン
Petit Basset Griffon Vendéen

とても活動的で持久力がある。1日中、狩りをする
とができる。厚く粗い被毛は、丈の低い木がびっし
生い茂る中での狩りに向く。

バセット・ハウンド
Basset Hound

1匹で、ときには小さなパック（群れ）で野ウサギやキツネ、キジをさがし出し、あとをつけ、かくれ場所から追い出して追いつめることができる。足が短く体高も低い。名前は「低い」を意味するフランス語の「バス」に由来する。

原産国　フランス
体　高　33～38cm
色　さまざま

体の大きさに対する耳の長さは、すべての犬種の中で一番長い。

原産国　フランス

体　高　33～38cm

色　濃い色のマーキングの入ったホワイト

内側に丸いペンダント形の耳

短い足

グレート・アングロ=フレンチ・トライカラー

Great Anglo-French Tricolour Hound

名前の「グレート」は体の大きさではなく、えものの大きさを意味する。強い筋肉と高い持久力をもち、アカジカなど大型動物の猟に使われる。

原産国　フランス

体　高　62～72cm

色　ブラック・タン（黄褐色）・ホワイト

かたくて短い3色の被毛

ブラッドハウンド

Bloodhound

追跡能力がとても高い。においがついてから数日たったあとでもかぎ分けることができる。鋭い嗅覚をいかして狩猟犬、警察犬、救助犬として活躍する。

1066年、ウィリアム征服王がブラッドハウンドに似た犬をイギリスに連れ帰った。

原産国　ベルギー

体　高　58～69cm

色　レバー（茶褐色）・タン（黄褐色）、ブラック・タン

セグージョ・イタリアーノ
Segugio Italiano

おだやかで静かな性質だが、狩りのときは特徴のある高い声でほえる。速い速度のまま長距離を走ることができる。

原産国　イタリア
体　高　48～59cm
色　ゴールド、レッド、ブラック・タン（黄褐色）

ラウフフント
Laufhund

スイス・ハウンドともよばれる。長いマズルをいかして野ウサギ、キツネ、ノロジカのあとを追いかける。被毛の色のちがいで、ジュラ、シュヴィーツ、バーニーズ、ルツェルンの4種類に分けられる。

原産国　スイス　**体　高**　47～59cm
色　ブラック・タン（黄褐色）、オレンジ・ホワイト、ブルー、ブラック・ホワイト

ハノーヴェリアン・ハウンド
Hanoverian Scent Hound

シカやイノシシの猟で銃によって傷を負ったえものを追うためにつくりだされ、現在も狩猟犬として飼われる。1匹または2匹で狩りをする。

ダックスフント
Dachshund

多くの国で、大きさのちがいでミニチュア（小型）とスタンダード（標準）の２種類に分けている。長い体と短い足のため「ソーセージ・ドッグ」、「ウインナー・ドッグ」というあだ名もある。

原産国　ドイツ
体　高　13～23cm
色　さまざま

長い被毛

原産国　ドイツ
体　高　48～55cm
色　ブリンドル（虎毛）

ドーベルマン
Dobermann

ドイツの税金徴収役人がジャーマン・シェパード・ドッグ、グレイハウンド、ロットワイラー、ワイマラーナーなどをかけあわせてつくったとされる。名前もこの人物にちなむ。優秀な番犬。

原産国　ドイツ
体　高　65～69cm
色　フォーン（淡黄褐色）、ブルー、ブラウン、ブラック・タン（黄褐色）

シラーステーヴァレ
Schillerstovare

名前はこの犬種をつくりだしたペール・シラーに由来する。持久力があり、とくに雪の上で走るのが速い。単独でえものを追跡し、低い声でほえてえものの居場所を狩猟者に伝える。

原産国　スウェーデン
体　高　49～61cm
色　ブラック・タン（黄褐色）

ノーウェイジアン・ハウンド
Norwegian Hound

デュンケルともよばれる。じょうぶな犬種。－15℃にもなる雪の中で野ウサギを追いかける。

原産国　ノルウェー
体　高　47～55cm
色　ブラック・タン（黄褐色）・ホワイト、ブルー・マーブル（大理石のような模様）、タン・ホワイト

ヒューゲン・ハウンド
Hygen Hound

1回の猟に数日をかける雪深い北極圏で狩猟犬としてつくりだされた。持久力は無限のようだ。つまり、たくさん運動をさせなければならない。

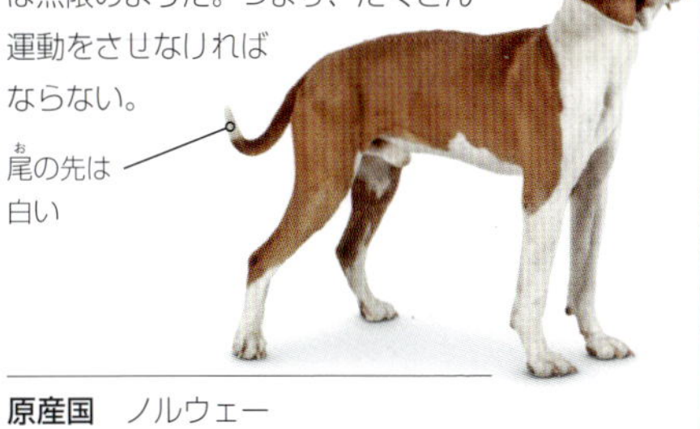

原産国　ノルウェー
体　高　47～58cm
色　ブラック・タン（黄褐色）、レッド・ホワイト、タン・ホワイト

ポーリッシュ・ハウンド
Polish Hound

ポーランドの深い森の中で、さまざまな種類のえものを狩るために飼われていた。数は少ない。速い速度で走りながらでもにおいを追うことができる。

原産国　ポーランド
体　高　55～65cm
色　ブラック・タン（黄褐色）

スパニッシュ・ハウンド
Spanish Hound

サブエソ・エスパニョールともよばれる。山の多い地域でおもに野ウサギ猟に使われる。パック（群れ）ではなく1匹で狩りをする。1日中、どのような気温の中でもはたらくことができる。

原産国　スペイン
体　高　48～57cm
色　ゴールド・ホワイト

オスはメスよりも5cm体高が高い。

犬の鼻にはにおいを検知する細胞が
3億個もある。
人間の鼻にはわずか600万個

鼻の力　脳の中のにおいをかぎ分ける部分を比べると犬は人間の 40 倍も大きい。訓練された犬は、あまりにおいのしないもの、たとえば特定の鉱物、金属、トコジラミ、細菌、ある種の病気までもかぎ分けられる。

ヘレニック・ハウンド
Hellenic Hound

昔はイノシシや野ウサギの猟に使われた。たくましい体格のため、走り回るには広い場所が必要となる。高くてひびきわたる声は遠く離れていてもよく聞こえる。

原産国　ギリシア
体　高　45～55cm
色　ブラック・タン（黄褐色）

トランシルヴァニアン・ハウンド
Transylvanian Hound

別名エルデーイ・コポー。きびしい天候にもたえることのできる、じょうぶな犬種。ハンガリーの王たちはこぞって狩猟犬にした。方向感覚がとくに優れている。

原産国　ハンガリー
体　高　55～65cm
色　ブラック・タン（黄褐色）

ボスニアン・ラフコート・ハウンド
Bosnian Rough-coated Hound

イリリアン・ハウンドともよばれる。一番の特徴は被毛。ぼさぼさの長い毛のおかげで、寒い冬の間もやぶのなかではたらくことができる。

原産国　ボスニア・ヘルツェゴビナ
体　高　45～56cm
色　ブラック・タン（黄褐色）、ブラック・タン・ホワイト

ローデシアン・リッジバック
Rhodesian Ridgeback

アフリカン・ライオン・ハウンドともよばれる。昔はライオン猟にパックで使われた。背中の一部の毛が反対向きに生え、線が入っているように見える。この線をリッジ（「山の背」という意味）といい、名前の由来にもなっている。

原産国　ジンバブエ
体　高　61～69cm
色　レッド

セルビアン・ハウンド
Serbian Hound

子どもたちの命が危険にさらされないように、地面に埋もれた地雷を見つけ出す探査犬としてはたらいたことがある。

ブラック・マントル（マントを着たような大きな模様）

パック（群れ）で狩りをする。穴ウサギからイノシシやヘラジカまで、さまざまな大きさのえものを追うことができる。おだやかな性格のためよい家庭犬となる。

原産国　セルビア
体　高　44～56cm
色　ブラック・タン（黄褐色）

テリア

昔から人間の猟を手伝う狩猟犬として飼われていました。じょうぶな体と怖いもの知らずの性格で知られています。小型のテリアは害獣の退治、大型のテリアはアナグマやカワウソの猟で活躍しました。現在、ほとんどのテリアは家庭犬や番犬として飼われています。

名前には・・・

小型のテリアの名前にはラット・テリアなど、退治していた害獣の名前のつくものがある。

テリアってどんな犬？

「テリア」は大地を意味するラテン語の「テラ」からつけられました。テリアは地面を掘るのが好きです。大型のネズミやハツカネズミや穴ウサギなど地面にもぐって生活したりかくれたりする動物をとても上手に狩ります。

穴を掘る

テリアは穴を掘る習性を生まれながらにもつ。つまり家庭で飼う場合は、しっかり見ていないと庭がたいへんなことになる。

ジャック・ラッセル・テリアは穴掘り名人

大きさのちがい

大型動物の狩猟犬や警備犬としてつくりだされたテリアは体が大きく、力強い。写真はエアデール・テリア。

テリアとブルドッグをかけあわせ闘犬用のたくましい犬種がつくられた。スタッフォードシャー・ブル・テリア（写真）もそうした闘犬の一種。

ヨークシャー（写真）、スコッティッシュ、ノーフォークなど小型のテリアの多くは、もともとはネズミやハツカネズミをとるために飼われていた。

独立心の強い性格

ほとんどのテリアはかしこくて、人なつっこい。ただし、がんこで意志を曲げない一面もあり、えものをつかまえるまで追い続ける。自分より体の大きな犬にも恐れることなく立ち向かう。

ボクサー（写真左側）と遊ぶフォックス・テリア（写真右側）

元気いっぱいの犬

テリアは優しい性格のもち主のうえ、まわりで起きていることをすぐに理解して行動できる。家庭犬にもってこいの犬種だ。走って遊んで、追いかけて、もちろん穴を掘ってと忙しく動き回る。

遊び好きなウェスト・ハイランド・ホワイト・テリア

テリア

もともとテリアは地面の下にいる動物を狩るために飼われていました。このため体は小さいですがじょうぶです。自信家で活気にあふれています。のちに改良が進み大きくて強い体のテリアがつくられ、狩猟以外にも使われるようになりました。

ボストン・テリア
Boston Terrier

アメリカでブルドッグと数種類のテリア（絶滅した白いイングリッシュ・テリアなど）をかけあわせて生まれた犬種。かしこくて用心深い、理想的な家庭犬だ。

原産国 アメリカ合衆国
体　高 38～43cm
色 ブラック、ブリンドル（虎毛）

パーソン・ラッセル・テリア
Parson Russell Terrier

もともとはジャック・ラッセル・テリアに分類されていた２種類のよく似たテリアのうちの一種。現在では耳の長い方をパーソン・ラッセル・テリアという。

原産国　イギリス
体　高　33～36cm
色　ブラックまたはブラック・タン（黄褐色）またはタンマーキングの入ったホワイト

ウェスト・ハイランド・ホワイト・テリア
West Highland White Terrier

キツネやアナグマの猟、害獣退治のためにスコットランドでつくりだされた。地面の下の巣穴にもぐってえものを追いかけていても、白くて量の多い毛のおかげで簡単に見分けられる。

原産国　イギリス
体　高　25～28cm
色　ホワイト

ヨークシャー・テリア
Yorkshire Terrier

人気の犬種。自分よりも大きな体の犬にもおびえないことから、「小さな体の大きな犬」といわれる。

原産国　イギリス
体　高　20～23cm
色　タン（黄褐色）マーキングの入ったブルー

エアデール・テリア
Airedale Terrier

テリアの中で一番大きく「テリアの王様」といわれる。もとはカワウソ猟に使われていた。たくましい体のため現在では警察犬や軍用犬として使われる。

原産国　イギリス
体　高　56～61cm
色　ブラック・タン（黄褐色）

スコッティッシュ・テリア
Scottish Terrier

スコッティともよばれる。害獣を退治するために飼われていた。「ビリー」という名のスコッティは7分間にネズミを100匹殺したそうだ。愛情深く、警戒心が強い。家庭犬にぴったりの犬種。

原産国　イギリス
体　高　25～28cm
色　ゴールド、ブラック

スカイ・テリア
Skye Terrier

長い被毛が特徴。成犬の長さになるまでに数年かかる。こまめに毛の手入れをしなければならない。かつての害獣退治の名人は現在では忠実な愛玩犬となっている。

原産国　イギリス
体　高　26cm以下
色　クリーム、グレイ、フォーン（淡黄褐色）、ブラック

イングリッシュ・トイ・テリア
English Toy Terrier

別名トイ・マンチェスター・テリア。とても上手に大型のネズミをとるので重宝された。かつてはネズミといっしょに囲いに入れて、ネズミをすべて殺すまでの時間を競わせる余興があった。

原産国　イギリス
体　高　25～30cm
色　ブラック・タン（黄褐色）

現在では数が減り、絶滅の危機に瀕している。

ボーダー・テリア
Border Terrier

18世紀につくられた。ハウンドといっしょに狩りができるほどに大きく、巣穴にもぐってえものを追い出せるほどに小さい。人なつっこい性格。

原産国　イギリス
体　高　25～28cm
色　ゴールド、レッド、ブルー・タン（黄褐色）、ブラック・タン

ウェルシュ・テリア
Welsh Terrier

じょうぶで身のこなしが軽い。かつてはパックでキツネやアナグマ、カワウソの猟に使われた。勇敢でかしこく、いつも陽気で楽しい。しつけやすい。

原産国　イギリス
体　高　39cm以下
色　ブラック・タン（黄褐色）

ブル・テリア
Bull Terrier

ブルドッグと数種類のテリア種のかけあわせ。もともとは闘犬としてつくられた。強さとたくましさを備えた理想的な闘犬なのだが、闘犬に必要な攻撃性が足りない。

原産国　イギリス
体　高　53 ~ 56cm
色　さまざま

スタッフォードシャー・ブル・テリア　Staffordshire Bull Terrier

19 世紀に闘犬としてつくられた。勇敢な性格。現在ではイギリスで人気の家庭犬。

原産国　イギリス
体　高　36 ~ 41cm
色　さまざま

ベドリントン・テリア
Bedlington Terrier

テリアにはめずらしい外観をしている。やわらかい巻き毛がびっしり生え、子羊のように見える。祖先（ウィペットなど）から狩りの速さとおだやかな性格を受け継いでいる。

ベルベットのような薄いたれ耳

原産国　イギリス
体　高　40 ~ 43cm
色　ゴールド、レバー（茶褐色）、ブルー

耳の形はハシバミ（ヘーゼルナッツのなる木）の葉に似ていることからハシバミ耳とよばれる。

ケリー・ブルー・テリア
Kerry Blue Terrier

アイルランドの国犬。独特のやわらかい巻き毛がびっしり生えている。生まれたときはブラックだが、毛色の薄くなる遺伝子のはたらきでだんだん色が変わり2歳のころにはブルーになる。

原産国　アイルランド
体　高　46～48cm
色　ブルー

アッフェンピンシャー
Affenpinscher

陽気でいたずら好きな性格のためかわいがられる。名前はドイツ語で「サル・テリア」を意味する。平らな顔に短い鼻がサルに似ていることに由来する。

原産国　ドイツ
体　高
24～28cm
色　ブラック

クロムフォールレンダー
Kromfohrländer

20世紀半ばにドイツ西部のクロム・フォールでつくりだされた新しい犬種。名前はこの地名に由来する。数は少ない。番犬、大型のネズミ退治犬、家庭犬に向く。

原産国　ドイツ
体　高　38～46cm
色　タン（黄褐色）マーキングの入ったホワイト

チェスキー・テリア
Cesky Terrier

ボヘミアン・テリアともよばれる。チェコ共和国の国犬。1940年代につくりだされた。パック（群れ）で、ときには単独で上手に狩りをする。優秀な番犬でもある。家庭犬としても飼われる。

原産国　チェコ共和国
体　高　25～32cm
色　グレイ、ブルー、レバー（茶褐色）

ロシアン・ブラック・テリア
Russian Black Terrier

じょうぶで強い軍用犬として1940年代に旧ソ連軍がつくりだした。たくましくて大きな体は親に選ばれた犬種（ロットワイラー、ジャイアント・シュナウツァー、エアデール・テリアなど）から受け継いだ。

原産国　ロシア
体　高　66～77cm
色　ブラック

原産国のチェコ共和国ではとても人気があり、切手の図柄にもなっている。

日本テリア
Japanese Terrier

人なつっこく、家庭犬に適している。ところが原産国を含め世界中でとても数が少ない。

原産国　日本
体　高　30～33cm
色　ブラックマーキングの入ったホワイト、ブラック・タン（黄褐色）・ホワイト

オーストレリアン・テリア
Australian Terrier

さまざまなテリア（スカイ、ヨークシャー、スコッティッシュ・テリアなど）のかけあわせ。活動的な犬種。もともとは穴ウサギや大型のネズミを狩るためにつくりだされた。

原産国　オーストラリア
体　高　26cm以下
色　レッド、タン（黄褐色）の入ったブルー

フランクリン・ルーズベルトと愛犬ファラ（スコッティッシュ・テリア）の彫像。

歴代の**大統領のペット**の中で主人の彫像によりそう名誉をあたえられた動物はファラしかいない

忠実な友　主人がどこへ行くのにもお供したファラはいつしか有名になっていた。「世界で一番写真を撮られた犬」といわれたほどだった。主人のかたわらにいつもいたファラは大統領であるルーズベルトのイメージづくりにも一役買った。

鳥猟犬　ちょうりょうけん

ハウンドはえものを追ってつかまえます。鳥猟犬は銃をもった狩猟者といっしょに行動し、狩りを助けます。鳥猟犬は仕事のしかたによって大きく次の三つのグループに分けられます。えものを見つけ出すポインターとセッター、かくれているえものを追い立てるスパニエル、撃ち落とされたえものを見つけて狩猟者に届けるリトリーバー。

ソフトマウス　リトリーバーは撃ち落とされたえものを傷つけないようやさしくかんで上手に運ぶソフトマウスのもち主。

鳥猟犬ってどんな犬？ ちょうりょうけんってどんないぬ？

人間が銃を使って猟をするようになったころ、おもに鳥を狩るときに連れていった犬が鳥猟犬（ガンドッグ）のはじまりです。スポーティング犬ともよばれます。どの鳥猟犬も嗅覚を使います。ポインティング、フラッシング、リトリービングという **3** 種類の方法で猟を手伝います。

ポインティング

えものを見つけ狩猟者に居場所を教える。ポインター（左写真のイングリッシュ・ポインターなど）はえものに対して鼻と体と尾を一直線にしたままじっと動きを止めて居場所を指し示す（ポインティングする）。セッターはえもののにおいのする方向にしゃがむ（セットする）。

ポインティングの姿勢のイングリッシュ・ポインター

フラッシング

かくれている鳥などのえものを鳥猟犬が追い出すことをフラッシングという。鳥が飛び立ったところを狩猟者が撃ち落とす。スパニエルは陸だけでなく浅い水の中でも鳥を追い出すよう訓練される。

鳥を追い立てている ブリタニー・スパニエル

なんでも屋

ハンガリアン・ヴィズラ（左写真）、ワイマラーナーなどは1匹ですべて（えものの居場所を教え、えものを追い立て、撃ち落とされたえものを回収する）をこなすよう訓練される。ハンティング（狩り）、ポインティング、リトリービングの頭文字をとってHPR犬ともよばれる。

リトリービング

昔、リトリーバーは、撃たれた鳥をひろって狩猟者のもとに届けていた。リトリーバーはとても視力がよく、どこに落ちた鳥でも追うことができた。見つけた鳥は傷つけないよう口にくわえて運んでくる。

撃たれた鳥をもってくるゴールデン・リトリーバー

鳥猟犬

昔から犬はえものを見つけたり、追いかけたりして猟を手伝っていました。銃を使った猟が広まると、さらに狩猟者と協力しあって犬の種類ごとに決まった仕事をするようになりました。鳥猟犬はこのような仕事をするためにつくられた犬種です。

ここに注目！

尾

尾は気持ちを表したり、意志を伝えたりするときに使われる。が、犬によってはそれ以外にも尾の役目がある。

▲コーイケルホンドは旗のような尾をふりながら行ったり来たりして、水鳥を狩猟者の方におびき寄せる。

▲ゴールデン・リトリーバーが泳ぎながら向きを変えるときは尾を舵のように使う。

▲イングリッシュ・セッターが尾をまっすぐ立てると、えものを見つけた証拠。

ラブラドール・リトリーバー
Labrador Retriever

水の大好きな犬種。祖先はカナダの猟師に飼われ、網を引いたり、逃げ出した魚をつかまえたりしていた。現在では、理想的な家庭犬、災害救助犬、盲導犬として飼われている。

原産国　カナダ

体　高　55～57cm

色　ブラック、チョコレート、イエロー

アメリカン・コッカー・スパニエル
American Cocker Spaniel

祖先はイングリッシュ・コッカー・スパニエル。アメリカンの方がイングリッシュよりも小さい。現在では家庭犬として飼われることが多いが、今でも鳥猟犬の仕事ができるといわれている。

原産国　アメリカ合衆国
体　高　34 ～ 39cm
色　すべて

狩猟鳥として知られるヤマシギ（ウッドコック）の猟を得意としていたことから「コッカー」の名がついた。

チェサピーク・ベイ・リトリーバー
Chesapeake Bay Retriever

リトリーバーの中で一番がんじょうな犬種。きびしい天候の中でも長い時間はたらくことができる。2層からなる被毛は厚く、冷たい氷水から体を守る。二重被毛は水鳥猟でとくに効果を発揮する。

原産国　アメリカ合衆国
体　高　53～66cm
色　ゴールド、レッド、ブラウン

イングリッシュ・セッター
English Setter

セッターの中で一番古い犬種。絹のような被毛はホワイトに斑点が混じる。イングリッシュ・セッターのこのような色を「ベルトン」という。おだやかで信頼できる性格。家庭犬に向く。

原産国　イギリス
体　高　61～64cm
色　オレンジ・ホワイト、レバー（茶褐色）・ホワイト、ブラック・ホワイト

サセックス・スパニエル
Sussex Spaniel

絹のような長い毛でおおわれたペンダント耳

指の間に羽のような飾り毛のある丸い足

びっしり生い茂る薮の中で狩りをするためにつくりだされた。ほかのスパニエルとはちがいほえながらえものをさがすので、狩猟者は居場所をすぐに見つけることができる。

原産国　イギリス
体　高　38～41cm
色　レバー（茶褐色）

イングリッシュ・ポインター
English Pointer

従順で、すばしこい。えものを追いかけて、居場所を指し示す猟犬として使われてきた。イギリスでは単にポインターとよばれる。現在でも強い狩猟本能をもつ。

原産国　イギリス
体　高　61～69cm
色　さまざま

イングリッシュ・スプリンガー・スパニエル
English Springer Spaniel

鳥を驚かせて飛び立たせる（スプリング）役目を担っていたのでスプリンガーと名づけられた。活動的でじょうぶ。きびしい天候や氷まじりの水の中でもはたらける。

原産国　イギリス
体　高　46～56cm
色　ブラック・ホワイト、レバー（茶褐色）・ホワイト

ゴールデン・リトリーバー
Golden Retriever

世界中で人気の犬種。傷つきやすいえものをやさしくかんで運ぶことのできるソフトマウスをもつ。飼い主を喜ばせることが好きなので、体の不自由な人を助ける介助犬としてよく使われる。

原産国　イギリス
体　高　51～61cm
色　ゴールド、クリーム

アイリッシュ・セッター
Irish Setter

美しく魅力的な犬種。アイルランドではモッダー・リュー（「赤い犬」を意味するゲール語）とよばれる。絹のような光沢のある、赤くて長い被毛に由来する。

原産国　アイルランド
体　高　64～69cm
色　レッド

フレンチ・ガスコニー・ポインター
French Gascony Pointer

一番古いポインター。原産地はフランスの南西部。現在も追跡犬として猟で使われている。人なつっこく、忠誠心がある。とてもよい家庭犬にもなる。

原産国　フランス
体　高　56～69cm
色　ブラウン、ブラウン・ホワイト

ブルー・ピカルディ・スパニエル
Blue Picardy Spaniel

じょうぶな水猟犬。とくに湿地帯でえものの場所を示したり、えものを回収したりするために使われる。おおらかな性格で家庭犬に向く。警備犬には不向き。

原産国　フランス
体　高　57～60cm
色　色の濃いまだら模様の入ったブルー

フレンチ・スパニエル
French Spaniel

かしこくて堂々とした、フランス原産の犬種。狩りに使われた最初のスパニエルと考えられている。スパニエルの中では体が大きく、フラッシング、リトリービング、ポインティングをすべてこなす。

ペンダント耳

原産国　フランス
体　高　55～61cm
色　ホワイト・ブラウン

ブリタニー
Brittany

人気のスポーティング犬。ほかのスパニエルと同じく、えものを追い出したり、回収したりするよりも見つける方が得意。動きが速く、活動的な鳥猟犬だが、温厚な家庭犬でもある。

原産国　フランス
体　高　47 ～ 51cm
色　オレンジ・ホワイト、レバー（茶褐色）・ホワイト、ブラック・ホワイト、ブラック・タン（黄褐色）・ホワイト

ラージ・ミュンスターレンダー
Large Münsterländer

たくさんの仕事ができる鳥猟犬。訓練しやすい。人とのかかわりを楽しむ。家庭犬に向く。

原産国　ドイツ
体　高　58 ～ 65cm
色　ブラック・ホワイト

びっしり生えた長い被毛

ジャーマン・ポインター
German Pointer

理想的な猟犬。えものを追跡するのも、回収するのも、居場所を指し示すのも上手。被毛には次の３種類がある。ワイヤー（かたい針金のような）毛、長毛、短毛。

原産国　ドイツ
体　高　53 ～ 64cm
色　レバー（茶褐色）、レバー・ホワイト、ブラック、ブラック・ホワイト

スプーン形の足

ワイマラーナー
Weimaraner

19世紀につくられた。もとはワイマール・ポインターとよばれた。めずらしい被毛の色（シルバー・グレイ）と明るい目の色から現在では「グレイ・ゴースト（灰色の幽霊）」ともよばれる。

原産国　ドイツ
体　高　56～69cm
色　グレイ

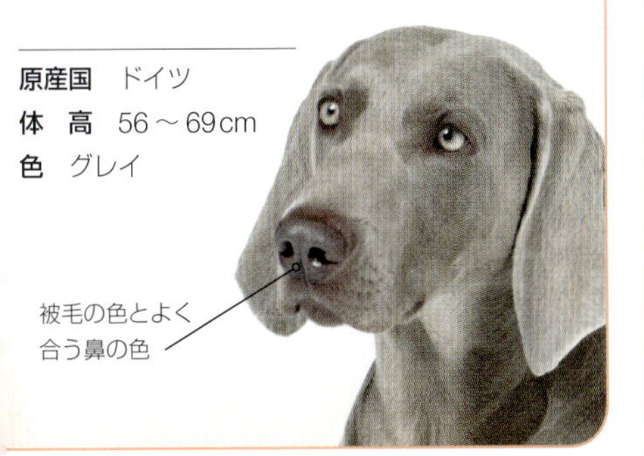

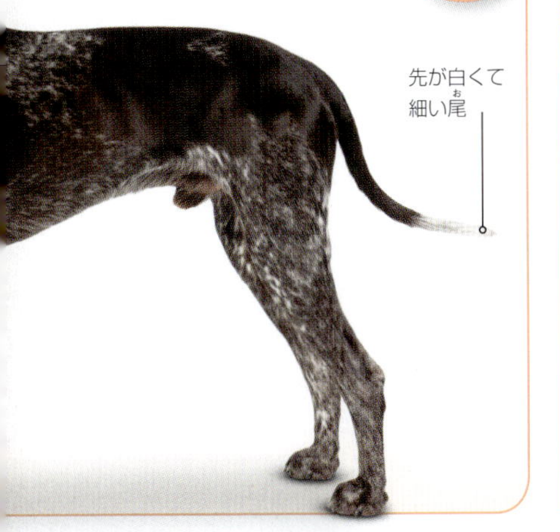

イタリアン・スピノーネ
Italian Spinone

かつてはイタリア北部で一番人気の猟犬だった。現在でもえものの追跡や回収に使われるが、気だてがよく、忠誠心があることから家庭犬としてもかわいがられる。

原産国　イタリア
体　高　58～70cm
色　ホワイト、ホワイト・オレンジ、ホワイト・ブラウン

ラゴット・ロマニョーロ
Lagotto Romagnolo

イタリア北部でもともとはえものを回収(かいしゅう)する犬として使われていた。のちに訓練されトリュフ（キノコの一種。高級料理の材料）をさがすようにもなった。

原産国　イタリア
体　高　41～48cm
色　ホワイト、ゴールド、ブラウン、オレンジ・ホワイト

チェスキー・フォーセク
Cesky Fousek

優秀(ゆうしゅう)なポインティング犬。狩猟本能(しゅりょうほんのう)が強い。被毛(ひもう)はごわごわしてかたい。チェコでは人気だが、チェコ以外ではあまり知られていない。

原産国　チェコ共和国
体　高　58～66cm
色　ブラウン、ブラウン・ホワイト

コーイケルホンド
Kooikerhondje

ダッチ・デコイ・スパニエルともよばれる。旗(はた)のような尾(お)をふりながら走り、声を出さずに水鳥をコーイ（大きな鳥かごのようなわな）におびき寄(よ)せる。名前はこのめずらしい狩(か)りの方法に由来する。

原産国　オランダ
体　高　35～40cm
色　オレンジ・ホワイト

スパニッシュ・ウォーター・ドッグ
Spanish Water Dog

おもに水鳥を回収するために使われるが、ヒツジの世話もできる。季節の変わり目には遠く離れた次の牧草地までヒツジの群れを追い立て移動させる。

原産国　スペイン
体　高　40～50cm
色　ホワイト、ブラック、ブラウン、ブラウン・ホワイト、ブラック・ホワイト

ヒツジのような巻き毛

体は小さくて、ヒツジのような厚い毛がびっしり生えているけれども、泳ぎが得意。

ポーチュギーズ・ウォーター・ドッグ　Portuguese Water Dog

えものの回収も泳ぎもとても上手。この能力をいかして、昔は漁網の引き上げを手伝っていた。被毛はやや巻いた長い毛、またはしっかり巻いた短い毛。

原産国　ポルトガル
体　高　43～57cm
色　ホワイト、ブラウン、ブラック、ブラック・ホワイト、ブラウン・ホワイト

ハンガリアン・ヴィズラ
Hungarian Vizsla

いろいろな仕事ができる。第二次世界大戦中にほぼ絶滅した。ところがその後、人気が出はじめ、現在では鳥猟犬のほかに家庭犬としても飼われている。

原産国　ハンガリー
体　高　53～64cm
色　ゴールド

水にぬれた犬は体をふるわせて、
およそ**4秒**で
70％をふりはらう

乾かす　多くの鳥猟犬は泳ぐのが得意で、水の中ですごす時間も長い。水にぬれたら体を元気よくふるわせて毛を乾かし、体を暖かくする。同じような動作をする哺乳類はほかにもいるが、犬が一番上手。

愛玩犬　あいがんけん

たとえ特別な目的のために育てられた犬でも、ほとんどの犬は人間となかよく暮(く)らしていけます。そのような中で家庭で飼(か)うためだけにつくりだされた犬種がいます。愛玩犬といい、飼い主にはたいてい外見で選ばれ、いろいろな年代の人にかわいがられています。

ハンドバッグ・ドッグ　チワワはランドセルの中にすっぽりおさまるほど小さいが、おもちゃのように扱(あつか)ってはいけない。

愛玩犬ってどんな犬？ あいがんけんってどんないぬ？

おもに家庭で飼われる犬を愛玩犬といいます。かつては狩猟犬や牧羊犬など仕事を任されていた犬種もいます。愛玩犬グループに含まれるのは人間とふれあうことだけを仕事とする犬種です。外見はかわいらしく、しつけが簡単です。愛玩犬はかなり昔から存在していました。

少年と遊ぶダルメシアン

親友

その昔、愛玩犬は貴族や王族のあまえるおもちゃだった。現在は、とくに子どもの忠実な友として飼われる。

めずらしい姿

愛玩犬は、目的の姿になるように長い
年月をかけてつくりだされた。大きな
目をしたペキニーズ（右写真）のよう
にとくに人を引きつける犬種や、ほと
んど毛がないペルーヴィアン・ヘアレ
ス・ドッグのように変わった特徴をも
つ犬種もいる。ペルーヴィアン・ヘア
レス・ドッグは歯の数もほかの犬より
少ない。

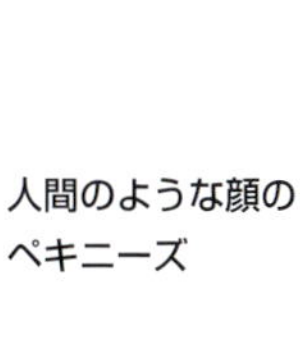

人間のような顔の
ペキニーズ

トイ

多くの愛玩犬は、牧羊や狩猟に使われた大きな犬を小さくなるように選んでつくりだされた。スタンダード・プードルは鳥猟犬。小型になったミニチュア・プードルとトイ・プードルは愛玩犬。

愛玩犬

愛らしい姿やめずらしい外見の愛玩犬は、飼い主にとっては愛情を交わしあう友だちです。家族にとけこんでいっしょに生活もします。華やいだ外見や人なつっこい性格をもち、飼い主のひざの上に座れるほど小さな体になるようつくりだされた犬種が愛玩犬のはじまりでした。

ここに注目！ 毛づくろい

定期的な毛づくろいは犬の健康によいうえに、犬と飼い主との結びつきを強める。

▲長い毛の犬種にはいつもブラッシングをして、もつれをほどいたり、毛玉を防いだりしなければならない。

▲耳と目と歯を定期的に観察して、異常が生じないようにきれいにしなければならない。

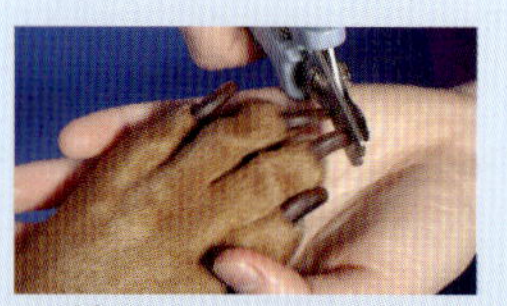

▲爪が長いとうまく歩けない。定期的に爪を切らなければならない。

チワワ
Chihuahua

世界で一番小さな犬種。とてもかしこく、独占欲が強い。優れた番犬としてはたらく。中国に起源があると考えられている。名前は1890年代、最初に人気の出たメキシコのチワワ州に由来する。

原産国 メキシコ
体高 15～23cm
色 ホワイト以外のすべての単色

メキシカン・ヘアレス
Mexican Hairless

かつては神聖な犬とされていた。一度、絶滅しかかったが、20 世紀半ばに計画的に繁殖され数が増えてきた。忠誠心が高いことで知られる。

原産国　メキシコ
体　高　25 ～ 60cm
色　レッド、レバー（茶褐色）、フォーン（淡黄褐色）、グレイ、ブラック

ハヴァニーズ
Havanese

祖先は、イタリアまたはスペインの貿易商がキューバに連れてきた犬と考えられている。名前はキューバの首都ハバナにちなむ。家庭犬にとても向いている。

原産国　キューバ
体　高　23 ～ 28cm
色　すべて

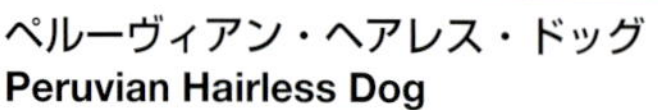

ペルーヴィアン・ヘアレス・ドッグ
Peruvian Hairless Dog

体の大きさは小さい順にミニチュア、メディオ、グランデの3種類に分かれる。毛がなく、ほかの犬種よりも歯の数が少ない。きめの細かな皮ふは日焼けしやすい。おだやかな性格で、飼い主にはなつくが見知らぬ人には近づかない。

原産国　ペルー
体　高　25～65cm
色　クリーム、グレイ、ダークブラウン、ブラック

カヴァリア・キング・チャールズ・スパニエル
Cavalier King Charles Spaniel

積極的で、人間が大好き。家庭犬にもってこいの犬種。のんびりした性格で、子どもともうまくすごせる。

原産国　イギリス　**体　高**　30～33cm
色　レッド、ゴールド・ホワイト、ブラック・タン（黄褐色）、ブラック・タン・ホワイト

ビション・フリッセ
Bichon Frise

テネリフェ（カナリア諸島の島）からフランスに連れてこられた犬種が祖先とされている。テネリフェ・ドッグともよばれる。体は小さい。被毛はびっしり生えるがあまり抜けない。よく遊ぶ。

原産国　地中海沿岸
体　高　23～28cm
色　ホワイト

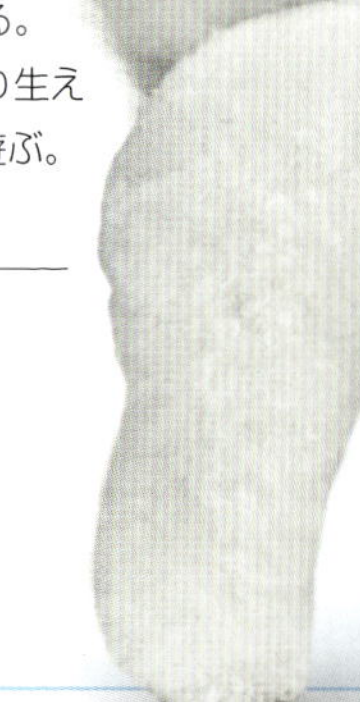

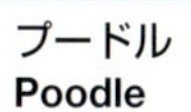

プードル
Poodle

昔から家庭犬として人気が高い。被毛が抜け落ちにくいことからアレルギー体質の人にも適している。愛玩犬としてのプードルの体の大きさは小さい順にトイ、ミニチュア、ミディアムの3種類に分けられる。

原産国　フランス
体　高　28～45cm
色　すべての単色

フレンチ・ブルドッグ
French Bulldog

楽しいことをしようといつも待ちかまえている。とてもよい家庭犬になる。体は小さいがじょうぶ。19世紀にブリティッシュ・トイ・ブルドッグからつくられた。

原産国　フランス
体　高　28～33cm
色　フォーン（淡黄褐色）、ブリンドル（虎毛）、ブラック・ホワイト

ダルメシアンは真っ白で生まれる。生後数週間するとはっきりした斑点が現れてくる

後から現れる斑点　生まれたてのダルメシアンは真っ白で、斑点はふわふわの毛の下にかくれている。実は皮ふに色の濃い斑点があり、ここに生える毛が生後数週間でブラックやレバー（茶褐色）に変わる。口の中まで斑点のあるダルメシアンもいる。

グリフォン・ブリュッセロワ
Griffon Bruxellois

もともとベルギーでは馬小屋でネズミをとるために飼われていた。被毛のちがいで３種類に分けられる（２種類は長くてかたい被毛、１種類は短い被毛）。

原産国　ベルギー
体　高　23 ～ 28 cm
色　ブラック・タン（黄褐色）

ボロネーゼ
Bolognese

ビション・フリッセの「親せき」。ボロネーゼはかしこく、飼い主と少しずつ近い関係をつくっていく。

原産国　イタリア
体　高　26 ～ 31 cm
色　ホワイト

ダルメシアン
Dalmatian

世界で唯一の斑点のある犬種。家庭犬として人気が高い。かつては荷馬車や消防馬車の下や横をいっしょに走るように訓練されていたので「馬車犬」としてよく知られていた。

原産国　不明
体　高　56 ～ 61 cm
色　ブラックまたはレバー（茶褐色）の斑点の入ったホワイト

マルチーズ
Maltese

絹のような長い被毛。色は混じりけのないホワイト

忠実で、元気がよく、楽しいことが大好きな犬種。飼い主とすごす時間を一番喜ぶ。かしこくて、用心深く、教えたことをすぐに理解する。

原産国　マルタ
体　高　25cm以下
色　ホワイト

つやのある短い被毛がびっしり生える。色はホワイト

ロシアン・トイ
Russian Toy

世界でも指折りの小さな犬種。一見すると壊れそうだが、とても活発で行動力がある。ロシア以外ではあまり知られていない。

原産国　ロシア
体　高　20～28cm
色　フォーン（淡黄褐色）、レッド、ブラック・タン（黄褐色）、ブルー・タン、レバー（茶褐色）・タン

チャイニーズ・クレステッド・ドッグ
Chinese Crested

頭から首にかけて生えている、ふさふさの毛で見分けがつく。被毛のないヘアレス・タイプが多い。ヘアレス・タイプはブラッシングをあまりしなくてもよいが、皮ふがむき出しになっているため極端な暑さや寒さに弱い。屋外で長時間過ごす環境には向かない。

原産国 中国
体　高 23 ～ 33 cm
色 さまざま

長くてやわらかい被毛で全身をおおわれたタイプはパウダーパフとよばれる。

ペキニーズ
Pekingese

忠誠心の高い家庭犬。昔は神聖な犬と考えられていたので、王族しか飼うことができなかった。

原産国　中国
体　高　15～23cm
色　さまざま

パ　グ
Pug

小柄だが、ひきしまった均整のとれた体をしている。顔は平たく、しわが多い。ヨーロッパの王族に人気があった。

原産国　中国
体　高　25～28cm
色　シルバー・グレイ、ゴールドまたはフォーン（淡黄褐色）、ブラック

ジャパニーズ・チン
Japanese Chin

もともとは飼い主のひざや手を温めるために飼われていた。生活空間は広くなくてよい。

原産国　日本
体　高　20～28cm
色　ブラック・ホワイト、レッド・ホワイト

交雑犬 こうざつけん

異なる種類の純血種の親から生まれた子を交雑犬といいます。親犬の特徴を組み合わせるためにつくられます。たとえばゴールデンドゥードル（左写真）はゴールデン・リトリーバーとプードルの交雑犬です。外見はプードルに似ていますが、ゴールデン・リトリーバーのように盲導犬やセラピー犬としてはたらきます。

軍用犬トレオ　スパニエルとラブラドールの交雑犬のトレオはアフガニスタンでイギリス軍の一員として爆弾除去に活躍した。

交雑犬ってどんな犬？

こうざつけんって
どんないぬ？

異なる犬種の親同士から生まれた子を交雑犬といいます。多くの交雑犬は、それぞれの純血種の親から特別な性質を受け継ぐことを目的につくられます。

ゴールデンドゥードル

犬種の混乱

ケネル・クラブによると、親犬のどの特徴が子犬に現れるかは予想できないので交雑犬は分類しづらい。右写真のゴールデンドゥードルはゴールデン・リトリーバーとプードルの交雑犬。

運のよい偶然

最初に交雑犬が生まれたの
は偶然からだった。たまた
ま生まれた交雑犬の子犬に
興味をもった飼い主が、目
的に合うように犬種を選ん
でかけあわせるようになっ
た。こうして生まれた最初
のころの交雑犬に、視覚ハ
ウンドとテリアまたは牧畜
犬から生まれたラーチャー
という犬がいる。

ラーチャー

おかしな名前

交雑犬の名前は両方の親からとってきてつける方法が一番簡単だ。シュナウツァーとプードルならばシュヌードル。写真のコッカープーはコッカー・スパニエルとプードルの交雑犬。

アレルギーの少ない犬

犬にアレルギーのある人はたくさんいる。ラブラドゥードル（下写真）の被毛は刺激が少ないので、犬アレルギーの人にとってラブラドゥードルは飼いやすい。

交雑犬

ちがう犬種の親から生まれた子犬を交雑犬といいます。交雑犬はたいてい両方の親犬の性質を受け継いでいます。名前は両方の親犬の名前を組み合わせてつけられます。

ここに注目！

雑種犬

親の犬種がわからない犬を雑種犬という。

コッカープー
Cockerpoo

コッカプーともよばれる。トイまたはミニチュア・プードルとイングリッシュまたはアメリカン・コッカー・スパニエルとのかけあわせ。巻いた被毛はあまり抜け落ちない。

原産国 アメリカ合衆国

体　高 23～43cm

色 すべて

ラブラディンガー
Labradinger

ラブラドール・リトリーバーとイングリッシュ・スプリンガー・スパニエルとの交雑犬。両方の親犬の性質を受け継いだ優秀な鳥猟犬。訓練するとリトリーバーのようにえものを回収し、スパニエルのようにえものを追い立てることができる。

▲雑種犬も純血種と変わりなく走ったり遊んだり、犬らしい行動をする。

▲雑種犬の兄弟はいっしょに生まれても似ていない。

◀ほとんどの雑種犬は純血種よりも長生きする。18歳くらいまで生きて、遺伝病にかかることも少ない。

原産国　アメリカ合衆国
体　高　46～56cm
色　フォーン（淡黄褐色）、レバー（茶褐色）、チョコレート、ブラック

ゴールデンドゥードル
Goldendoodle

プードルとゴールデン・リトリーバーの交雑犬。一番新しい「デザイナー犬」。最初のゴールデンドゥードルは1990年代にアメリカ合衆国で生まれ、人気が高まるにつれて世界各地で育てられるようになった。

原産国　アメリカ合衆国
体　高　61cm以下
色　すべて

ビション・ヨーキー
Bichon Yorkie

ビション・フリッセとヨークシャー・テリアから偶然生まれた。テリアの活発な性格とビション・フリッセのおだやかな性格をあわせもつ。

原産国　イギリス
体　高　23～31cm
色　さまざま

ブル・ボクサー
Bull Boxer

スタッフォードシャー・ブル・テリアとボクサーの交雑犬。体の大きさは中程度で人なつっこいが、運動不足になるとはしゃぎすぎることがあるので、たくさん運動させなければならない。

原産国　イギリス
体　高　41～53cm
色　すべて

ルーカス・テリア
Lucas Terrier

ノーフォーク・テリアとシーリハム・テリアの交雑犬。名前は、最初にこの犬をつくったイギリスの政治家で狩猟家のジョスリン・ルーカスにちなむ。

原産国　イギリス
体　高　23～30cm
色　ホワイト、ライトタン（薄い黄褐色）

ラーチャー
Lurcher

視覚ハウンドとテリアの交雑犬。昔はウサギ猟や穴ウサギ猟に使われていた。おとなしくて我慢強い。家庭犬に向く。

原産国　イギリス
体　高　55～71cm
色　すべて

ラブラドゥードル
Labradoodle

ラブラドール・リトリーバーとプードルの交雑犬。家庭犬として人気が出ている。現在、オーストラリアで公認を申請しているところ。

原産国　オーストラリア
体　高　36～61cm
色　すべて

ラブラドゥードルは
デザイナー犬
第1号

最初のデザイナー犬
1988年にオーストラリアでワリー・コンロンが、犬の毛やふけにアレルギーのある人用の盲導犬(もうどうけん)をつくるためにラブラドール・リトリーバーとプードルをかけあわせたのがラブラドゥードルのはじまりだった。

犬まめ知識 いぬまめちしき

体の特徴

• 犬のひげは**洞毛**とよばれる感覚器官。空気のわずかな動きを感じとる。洞毛はマズルの上、目の上、あごの下に生える。

• 犬には**まぶたが三つ**ある。上まぶたと下まぶたのほかにもうひとつ。3 番目のまぶたは第三眼瞼または瞬膜といい、目をけがと乾燥から守る。

• 犬の**肩甲骨**はほかの骨とくっついていない。このため走るときにはより大きく足を前後に開くことができる。

• 犬の**心臓の拍動**は体の大きさによってちがう。1 分間に 70 から 160 回まで幅がある。平均的な人間（おとな）では 1 分間に約 70 回。

• イエイヌ（家畜化された犬）の**かむ力**は 1 cm^2 あたり平均 22kg。かむ力の強い犬になると 1 cm^2 あたり 32kg にもなる。

• 犬が発達させる最初の感覚は**触覚**。足の先も含めて全身が敏感な神経末端でおおわれている。

犬は鼻紋（鼻のみぞ）で区別できる。鼻紋は人間の指紋と同じように 1 匹ごとにちがう。

驚異の能力

♦ **遠ぼえ**は群れのなかまをよぶ原始的な本能と考えられる。

♦ 犬は**ポリカーボネート**（DVD に使われる原料）**を検知**できる。訓練を受けた 2 匹の探査犬が総額で 300 万ドル以上の違法 DVD を見つけたことがある。

♦ 棒を投げると犬の**捕食本能**が刺激される。まるでえものを追うように棒を追いかける。

♦ 犬の**聴覚**はとても優れている。人間が聞くことのできる距離の 4 倍も離れた場所からの音を聞き分けられる。

♦ 第一次世界大戦の終わりごろ、ドイツ政府は戦争で目が見えなくなった兵士を手助けするようジャーマン・シェパード・ドッグを訓練した。これが本格的な**盲導犬**の育成の始まりだった。

♦ セラピー犬はいつも**我慢強く、人なつっこくておだやか**でいるよう訓練される。体や心が傷ついている人や学習が困難な人に愛情を注いで、居心地よい時間をつくりだす。人間は犬とかかわることでゆったりした気持ちになったり、ストレスが低くなったりするという研究報告がある。

有名な犬種

★ 闘犬競技に使われる**ボクサー**はその戦い方から名前がつけられたという説がある。競技が始まると後ろ足で立ち、「ボクシング」のように「対戦相手」に立ち向かう。

★ 中国の伝説によると**チャウ・チャウ**の舌が青いのは、神様が空を青く塗っていたときにこぼれた青い絵の具をなめたから。

★ 獅子のような外見と、貴族や聖人の護衛犬だったことから、チベットでは**ラサ・アプソ**を「アプソ・セン・カイ（ほえる獅子に似た見張り犬）」とよぶ。

★ 1815 年、フランス皇帝の座を追われていたナポレオン・ボナパルトは追放先から脱出を試みた。途中、船から投げ出されたときナポレオンの命を救ったのが漁師の飼っていた**ニューファウンドランド**といわれている。

★ **ノーウェイジアン・ルンデフンド**の足には指が 6 本ある。ノーウェイジアン・ルンデフンドは首を後ろに傾け、背中にさわることができる。

★ **ウェスト・ハイランド・ホワイト・テリア**の尾の骨はとても強い。えものを追いかけ地下の巣穴で動けなくなったときなどは尾をつかんでひっぱり出す。

★ **ゴールデン・リトリーバー**はアメリカ・ケネル・クラブの服従能力競技会で初代チャンピョンとなった。

歴史に登場する犬

▶ **ペキニーズとジャパニーズ・チン**は古代中国でことのほかだいじにされていた。召使いがつけられ、飼うことができたのは貴族だけ。盗もうものなら死刑にされた。

▶ 13 世紀に建国されたモンゴルの皇帝フビライ・ハンは**マスティフを 5,000 匹**飼っていたといわれている。個人による飼い犬の数としては最高だ。

▶ 中世の戦争ではグレート・デンやマスティフに似た犬に**よろいやスパイクのついた首輪**をつけて攻撃に参加させることもあった。

▶ **タイタニック号**には 12 匹の犬が乗船していた。ポメラニアンの子犬レディーは事故から生き残った 3 匹のうちの 1 匹。

▶ アメリカ兵ウィリアム・A・ワイン伍長の飼っていたヨークシャー・テリアのスモーキーは**第二次世界大戦の英雄犬**。12 の戦闘任務をみごとにこなして、8 個の従軍星章をもらった。

▶ スタビーはアメリカ軍で**昇級を果たした唯一の犬**だ。ピット・ブルの血をひく迷い犬のスタビーは第一次世界大戦中、自分の属する隊に毒ガス攻撃を知らせるなどしていくつかの軍務を遂行したことから軍曹に昇進した。

有名な犬

神話や伝説に登場する犬

✶ ギリシア神話に登場する三つの頭をもつ猟犬**ケルベロス**は、冥界の入口を守る恐れを知らぬ番犬。

✶ ローマ神話の狩猟の女神**ディアナ**は狩猟犬の群れといっしょに描かれていることが多い。

✶ エジプト神話に登場する、犬またはジャッカルの頭をもつ神**アヌビス**は、死者の魂を死後の世界へ運ぶとされた。

✶ **アルゴス**はギリシアの叙事詩『オデュッセイア』の主人公オデュッセウスが飼っていた犬。飼い主にとても忠実だった。オデュッセウスが長い年月を放浪したのち変装して家にもどったところ、見破ることができたのはアルゴスだけだった。

✶ **聖ギヌフォール**はフランスで13世紀から伝わる伝説のグレイハウンド。幼子を守る聖犬とされている。伝説によれば飼い主はギヌフォールに息子を殺されたと思いこみギヌフォールを殺したが、実はギヌフォールはオオカミから子どもを救っていたことがあとでわかった。

世界記録

■**世界一小さな犬**は毛の短いメスのチワワ。名前はミリー。2013年の記録では体高9.6cm。

■**一番長生きした犬**はオーストレリアン・キャトル・ドッグのブルーイー。29歳5か月7日で息をひきとった。

■**高跳びの世界記録**は172.7cm。アメリカ、マイアミで飼われているグレイハウンドのシンデレラ・メイが出した。

ソ連で迷い犬だったライカは1957年、宇宙に行き、地球のまわりを回った最初の生き物となった。

■**世界一長い距離を歩いた**のはラブラドールとボクサーの交雑犬ジンパ。迷子になってしまい3,218kmをかけて家にたどり着いた。

■**世界でも指折りの高い金額**のついた犬はティベタン・マスティフのホン・ドン（「大きなしぶき」という意味）。中国の石炭王に約1億2000万円で買われた。

■**世界初のクローン犬**はアフガン・ハウンドのスナッピー。2005年に韓国のソウル大学で誕生した。

映画に登場する犬

➤ 犬の映画スター第1号はラフ・コリーの**ローリー・ローバー**。1905年の無声映画『ローバーによる救出』に出演した。

➤ 『ハリー・ポッター』でルビウス・ハグリッドの飼っていた、いかついけれども心やさしい犬**ファング**を演じたのはナポリタン・マスティフ。

➤ 映画の世界で有名な犬といえばすぐに出てくるのがジャーマン・シェパード・ドッグの**リン・チン・チン**。ハリウッドの無声映画28本に出演した。1週間に1万通のファンレターが届いたといわれている。

➤ ジャック・ラッセル・テリアの**アギー**は『アーティスト』、『恋人たちのパレード』、『ミスター・フィックス・イット』に出演した俳優犬。

➤ 『ピーター・パン』の中でダーリング家の忠実な飼い犬**ナナ**を演じたのはニューファウンドランド。ナナの仕事は子どもたちに愛情を注いで、守る世話係。ニューファウンドランドにぴったりの役どころだ。

➤ **K9**は『ドクター・フー』に登場する犬型ロボット。もともとは子どもたちの興味を引くために考えられた役だったが、おとなにも人気が出た。

➤ いつまでも主人を思い続けた秋田犬の**ハチ公**の話はのちのちまで語り継がれ、ハリウッドでは映画『ハチ』もつくられた。

漫画の中の犬

✦ ダルメシアンの**ポンゴとパーディタ**はウォールト・ディズニーの人気のアニメ映画『101匹わんちゃん』の主人公。2匹のダルメシアンが悪人クルエラ・ド・ヴィルに誘拐された自分たちの子犬を助ける物語。

✦ 漫画『タンタンの冒険』に登場するタンタンの親友かつ頼りがいのある相棒の**スノーウィー**はワイア・フォックス・テリアがモデル。

✦ チャールズ・M・シュルツ作の漫画『ピーナッツ』に登場する**スヌーピー**はビーグル。

✦ **スクービー・ドゥー**は大人気のテレビアニメの主人公のグレート・デン。がんじょうな体のわりに愛らしいグレート・デンそのままの性格のもち主。

✦ **オーディー**は漫画『ガーフィールド』に登場するのんきな性格のビーグル。おどけ者で単純で、ガーフィールドのいたずらにすぐに引っかかる。

✦ **プルート**はミッキー・マウスの忠実なペット。センセーショナル・シックスの1匹。センセーショナル・シックスとはドナルド・ダックやミニー・マウスやグーフィー（こちらも犬）などディズニー・アニメで人気の6匹の動物。

✦ **スパイクとタイク**はがっしりしたブルドッグとその愛らしい息子。人気のアニメ『トムとジェリー』に登場する。

用語解説 ようごかいせつ

あごひげ　顔の下側にまとまって生える毛。かたかったり、ふさふさしていることもある。ケリー・ブルー・テリアやチェスキー・テリアなどごわごわした毛の犬種に多い。

アーモンド形の目　だ円形で角がわずかに平らな目。イングリッシュ・トイ・テリアなどに見られる。

犬ぞり　雪の上を犬が引くそり。荷物や人を乗せて運ぶ。

上毛　外側の被毛。

害獣（がいじゅう）　人間や家畜に害をあたえる、げっ歯類やキツネなど小型の動物。

グリフォン　ごわごわしたかたい被毛を表すフランス語。

グループ　はたらき方のちがいで犬種はグループに分類される。グループの分け方はイギリス・ケネル・クラブと国際畜犬連盟とアメリカ・ケネル・クラブとで少しちがう。

系統（けいとう）　祖先から続く生物の進化的なつながり。犬はオオカミの系統。

毛づくろい　体を洗いブラッシングをして、こぎれいに仕上げること。

ケネル・クラブ　犬種標準を定める公式団体。イギリス・ケネル・クラブ、国際畜犬連盟、アメリカ・ケネル・クラブなどがある。

犬種　独特の同じ外観をもつように繁殖されてきたイエイヌ。犬種は、国内外の畜犬団体や国際的な連盟などによって認められた規準（スタンダード）にしたがう。このような団体にはイギリス・ケネル・クラブ、国際畜犬連盟、アメリカ・ケネル・クラブなどがある。

犬種標準　特定の犬種を決めるための規準。犬種ごとに外見、色、模様、体高、体重が規定されている。

コーシング　ハウンドが視覚を使って穴ウサギやシカを狩る競技。

サドル　背中に広がる色の濃い部分がつくる模様。ブランケットほど大きくない。

下毛　上毛と皮ふの間に生えるやわらかい毛の層。短くて厚く、びっしり生えることもある。

臭跡（しゅうせき）　嗅覚ハウンドがえものをつかまえるためにつけるにおいのあと。

スプーンのような足　猫足に似るが、猫足よりもだ円形。

スペックリング　被毛に現れる小さな斑点の集まり。

セッティング　においをかぎとるためにうずくまる姿勢。または鳥猟犬が狩猟者にえもの（ライチョウ、ウズラ、キジなど）の方向を知らせるときのうずくまる姿勢。

ソフトマウス　鳥猟犬が、落ちたえものなどを傷つけることなくやさしくかむこと。ラブラドール・リトリーバーやスパニエルはソフトマウスをもつ。

耐候性（たいこうせい）　天候に影響されないこと。犬の被毛には耐候性を備えたものが多い。水をはじき、寒さから身を守ってくれる。

立ち耳　まっすぐ立った耳。先端は丸かったり、とがっていたりする。キャンドル耳はとくにとがった立ち耳。

タックアップ　巻き上がっている腹部ともいう。胸よりも腰の方が急に細くなってへこむ腹部の形。グレイハウンドやウィペットに見られる。

たれくちびる　おもにマスティフ系の犬種に見られる。上くちびるが肉厚で下にたれているくちびるの形。

たれ肉　下あごの下にたれる肉の部分。ドーグ・ド・ボルドーに見られる特徴。

たれ耳　つけ根から折れ曲がった耳。

断尾（だんび）　犬種標準に合うように決まった長さに切られた尾。たいていは生まれて数日のうちに切られる。イギリスやヨーロッパの一部の国では違法とされる（例外は数種の使役犬）。

ティッキング　被毛に現れるはっきりした小さな斑点。

臀部（でんぶ）　背中の尾に近い部分。

トリコロール　3色（たいていブラック・タン（黄褐色）・ホワイト）のはっきりしたまだら模様のある被毛。

縄状毛（なわじょうもう）　縄のような長い巻き毛が全身をおおう被毛の種類。コモンドールやハンガリアン・プーリーは縄状毛。

二重被毛（にじゅうひもう）　厚くて暖かい下毛と耐候性のある上毛からなる被毛。

猫足（ねこあし）　つま先が小さく丸くまとまって見える足。

パック　群れともいう。視覚ハウンドや嗅覚ハウンドが猟のときにいっしょに行動するまとまりを指すことが多い。

ハールクイン　ブラックとホワイトの不規則な大きさのまだら模様。グレート・デンの被毛を表すときだけ用いる。

半立ち耳　先端だけが前に折れている立ち耳。ラフ・コリーなどに見られる。

ふけ　体からはがれ落ちた皮ふのかけら。人間の犬アレルギーの原因のひとつ。

房毛（ふさげ）　耳の縁、おなか、足の後ろ側、尾の下側に見られる飾りのような毛。

ブラック・タン　ブラックとタン（黄褐色）の部分がはっきり分かれている被毛。ブラックは体、タンは体の下側、マズルに現れることが多い。タンは目の上に斑点をつくることもある。レバー（茶褐色）・タン、ブルー・タンでも同じように現れる。

フラッシング　鳥猟で鳥猟犬にまかされる仕事のひとつ。弾丸の届くところまで鳥を追い立てる。

ブランケット　背中と体の横側を大きくおおうまだら模様。また視覚ハウンドと嗅覚ハウンドのマーキング斑も表す。

ブリンドル　虎毛ともいう。薄い地色（タン（黄褐色）、ゴールド、グレイ、ブラウン）に濃い色のしまが混じる。

ベルトン　ホワイトに色毛の混じったまだら模様の被毛。イングリッシュ・セッターだけに見られる。

ペンダント耳　たれ耳の中でもとくに長くて重い耳。「たれ耳」参照。

ポインティング　鼻や体や尾の動きを止めて、ある方向を示すこと。鳥猟犬はポインティングして狩猟者にえものの居場所を知らせる。

牧畜（ぼくちく）　使役犬の仕事のひとつ。家畜の群れがばらばらにならないように一か所に集めて別の場所に移動させること。ボーダー・コリーなどがする。

ボタン耳　耳の先が目の方に向かって折れている耳。耳の穴をかくす。パグなどで見られる。

マーキング　被毛に現れる、地色とはちがう色や濃さの模様。

マスク　顔に表れる色の濃い部分。マズルや目のまわりによく見られる。

マズル　口吻ともいう。口と鼻を含む飛び出た部分。

密猟者（みつりょうしゃ）　違法な猟をする人。

モロサス　古代ギリシアやローマにいた大型軍用犬。モロッシアとよばれる地域の原産といわれている。

ラフ　首のまわりに生える長くてふさふさの飾り毛。

リトリービング　撃ち落とされたえものを回収して狩猟者のもとに届けること。リトリーバーの名前はこの行動に由来する。

ろうそく耳　キャンドルフレーム耳ともいう。ロウソクの炎に似た、長く細い立ち耳。イングリッシュ・トイ・テリアなどで見られる。

ローズ耳　後ろに反り返った、小さなたれ耳。耳の内側が見える。グレイハウンドに見られる。

索 引 さくいん

【あ】

【か】

【さ】

【た】

【な】

【は】

【ま】

【や】

【ら】

【わ】

謝辞 しゃじ

Dorling Kindersley would like to thank: Lorrie Mack for supplying portions of the text; Annabel Blackledge for proofreading; Bharti Bedi and Fleur Star for editorial assistance; and Helen Peters for indexing.

The publisher would like to thank the following for their kind permission to reproduce their photographs:

(Key: a-above; b-below/bottom; c-centre; f-far; l-left; r-right; t-top)

2–3 Getty Images: Moments Frozen In Time / Flickr (c). **4 Dorling Kindersley:** Natural History Museum, London (b). **6 Dreamstime.com:** Moose Henderson (clb); Mikelane45 (bc); Jamen Percy (crb). **7 Alamy Images:** B Christopher (tr). **Dreamstime.com:** Lukas Blazek (bl); Jaymudaliar (c); Christian Schmalhofer (br). **8 Fotolia:** Tatiana Katsai (l). **9 Alamy Images:** Herbert Spichtinger / Image Source (r). **10 Corbis:** Seth Wenig / Reuters (l). **Dreamstime.com:** Johannesk (bl). **11 Dreamstime.com:** Tandemich (tc). **Getty Images:** Datacraft Co Ltd (tr). **12–13 Corbis:** Marek Zakrzewski / Epa (b). **13 Alamy Images:** Klaus-Peter Wolf / Fotosonline (bl). **Dreamstime.com:** Nikolay Pozdeev (cr). **SuperStock:** Juniors (tl). **14 Dreamstime.com:** Anke Van Wyk. **15 Corbis:** DLILLC (tc); Gideon Mendel (br). Dreamstime.com: Petr Malohlava (tr). **16 Alamy Images:** Juniors Bildarchiv / F369 (br); Richard Smith / Photofusion Picture Library (cl). **17 Dreamstime.com:** Rolf Klebsattel (t). **Getty Images:** DEA / G. Dagli Orti (bc). **18–19 Dreamstime.com:** Barbara Helgason (Background). **19 Fotolia:** Dogs (tc). **20–21 Getty Images:** Corinne Boutin / Flickr. **22 Alamy Images:** Dean Hanson / Journal / Albuquerque Journal / ZUMAPRESS. com. **23 Corbis:** Bradley Smith (bc). **24 Fotolia:** Herby Meseritsch (b). **Getty Images:** Nicolas Thibaut / Photononstop (cl). **25 Alamy Images:** US Air Force Photo (br). **Corbis:** Peter Kneffel / dpa (t). **27 Corbis:** Peter Kneffel / dpa (tr). **Getty Images:** Philippe Huguen / AFP (tc); West Coast Surfer (tl). **28–29 Alamy Images:** Juniors Bildarchiv / F274 (bc). **31 Dreamstime.com:** Pavel Shlykov. **32–33 Alamy Images:** De Meester Johan / Arterra Picture Library (tc). **34 Dreamstime.com:** Gea Strucks (b). **36–37 Corbis:** China Photo / Reuters. **41 Dreamstime.com:** Glinn (br). **42 Dreamstime.com:** Glinn (c). **44–45 Getty Images:** Robert Churchill / E+. **47 Dreamstime.com:** Glinn (b). **48 Dreamstime.com:** Dmitry Kalinovsky. **49 Dreamstime.com:** Twildlife (bc). **50–51 SuperStock:** Juniors (b). **51 Dreamstime.com:** Vicente Barcelo Varona (tr). **Getty Images:** ruthlessphotos.com / Flickr Open (br). **52 Alamy Images:** Ellen McKnight (clb); Woof! (cl). **53 Dreamstime.com:** Iliyan Kirkov (b). **54 Alamy Images:** Juniors Bildarchiv / F237 (t). **56–57 Dreamstime.com:** Viacheslav Belyaev (bc). **58 Dreamstime.com:** Glinn (b). **59 Dreamstime.com:** Yap Kee Chan (br). **60** Korean Jindo ©YeaRimDang Publishing Co., Ltd. **60–61 Dreamstime.com:** Glinn (t). **61 Dreamstime.com:** Anna Yakimova (br). **62–63 Corbis:** Zero Creatives / cultura. **64 Alamy Images:** Adrian Sherratt. **65 Getty Images:** Samuel Alken / The Bridgeman Art Library (bc). **66 Corbis:** (bl). **66–67 Dreamstime.com:** Henri Faure (bl). **67 Alamy Images:** Jerry Shulman (tr). **68–69 Dreamstime.com:** Jagodka (bc). **68 Dorling Kindersley:** Cheuk-king Lo / Pearson Education Asia Ltd (b). **70–71 Dreamstime.com:** Anna Utekhina (tc). **72–73 Corbis:** Steve Bardens. **74–75 Dreamstime.com:** Olga Lukanenkova (t). **77 Alamy Images:** Tierfotoagentur / R. Richter. **78–79 Dorling Kindersley:** Rough Guides (bc). **78 Dreamstime.com:** Yap Kee Chan (cl). **80 Dorling Kindersley:** Rough Guides (c). **82 Alamy Images:** Jerry Shulman (br). **84–85 Dorling Kindersley:** Rough Guides (bc). **85 Dreamstime.com:** Glinn (c). **86 Dorling Kindersley:** Rough Guides (b). **88–89 SuperStock:** Alessandra Sarti / imag / imagebroker.net. **90 Dorling Kindersley:** Rough Guides (bl). **91 Dorling Kindersley:** Rough Guides (cr). **92 Dreamstime.com:** Rdantoni. **93 Corbis:** Heritage Images (bc). **94 Alamy Images:** Tierfotoagentur / S. Starick (clb). **Dreamstime.com:** Anomisek (cb); Sergey Lavrentev (crb). **Getty Images:** American Images Inc / Taxi (cla). **95 Dreamstime.com:** Taviphoto (t). **Fotolia:** CallallooFred (br). **97 Alamy Images:** Juniors Bildarchiv / F237 (br). **98 Dreamstime.com:** Glinn (cr). **100 Dreamstime.com:** Vitaliy Shabalin (br). **101 Dreamstime.com:** Marlonneke (t). **102–103 Dreamstime.com:** Raja Rc (c). **104–105 Dorling Kindersley:** Rough Guides. **105 Dreamstime.com:** Linncurrie (b). **106 Corbis:** Dale Spartas. **107 Getty Images:** Wichita Eagle / McClatchy-Tribune (bc). **108 Corbis:** Lynda Richardson (br). **Dreamstime.com:** Roughcollie (cl). **109 Dreamstime.com:** Barna Tanko (tl). **110 Corbis:** Dale Spartas (bl). **Dreamstime.com:** Isselee. **Dreamstime.com:** Isselee. **Getty Images:** Bill Curtsinger / National Geographic (cl). **SuperStock:** Justus de Cuveland / im / imagebroker.net (tl). **111 Dreamstime.com:** Yap Kee Chan (b). **112–113 Dreamstime.com:** Yap Kee Chan (c). **114 Dreamstime.com:** Glinn (bl). **115 Dreamstime.com:** Mohamed Osama (c). **116 Dreamstime.com:** Raja Rc (c). **117 Dreamstime.com:** Glinn (cr). **119 Dreamstime.com:** Glinn (c). **120–121 SuperStock:** Juniors. **122 Dreamstime.com. Getty Images:** Altrendo Images / Stockbyte. **122 Dreamstime.com. Getty Images:** Altrendo Images / Stockbyte. **123 Corbis:** oshihisa Fujita / MottoPet / amanaimages (bc). **124 Alamy Images:** robin palmer. **Dreamstime.com:** Barna Tanko (bl). **125 Alamy Images:** Juniors Bildarchiv / F259 (bc); Juniors Bildarchiv RF / F145 (br). **Dreamstime.com:** Yap Kee Chan (b); Roughcollie (tr). **126 Dreamstime.com. 127 Dreamstime.com:** Glinn (c). **129 Dreamstime.com:** Lee6713 (t). **130–131 Getty Images:** Kathleen Campbell / Stone. **132 Dreamstime.com:** Okssi68 (cl). **132–133 Corbis:** Akira Uchiyama / Amanaimages (bc). **133 Dorling Kindersley:** Cheuk-king Lo / Pearson Education Asia Ltd (c). **136 SuperStock:** Jerry Shulman. **137 Getty Images:** AFP (bc). **138 Alamy Images:** Michael Gamble. **Fotolia:** Carola Schubbel (cr). **139 Fotolia:** Caleb Foster (r). **Getty Images:** LWA / Digital Vision (bl). **140–141 Dorling Kindersley:** Rough Guides (bc). **141 Getty Images:** Hillary Kladke / Flickr Open (tr). **143 Alamy Images:** John Joannides (b). **144–145 Dreamstime.com:** Gordhorne.

Jacket images: *Front:* **Dreamstime.com:** Jagodka cb

For further information see: www.dkimages.com